厂网河湖
一体化全要素水环境治理

——深圳河流域水环境治理理论与实践

龚利民　邹启贤　编著

中国建筑工业出版社

图书在版编目（CIP）数据

厂网河湖一体化全要素水环境治理：深圳河流域水环境治理理论与实践 / 龚利民，邹启贤编著. -- 北京：中国建筑工业出版社，2024. 12. -- ISBN 978-7-112-30745-6

Ⅰ.X143

中国国家版本馆 CIP 数据核字第 2024GD0086 号

责任编辑：于　莉
责任校对：芦欣甜

厂网河湖一体化全要素水环境治理
——深圳河流域水环境治理理论与实践
龚利民　邹启贤　编著

*

中国建筑工业出版社出版、发行（北京海淀三里河路9号）
各地新华书店、建筑书店经销
北京红光制版公司制版
建工社（河北）印刷有限公司印刷

*

开本：787毫米×1092毫米　1/16　印张：11¾　字数：206千字
2024年12月第一版　　2024年12月第一次印刷
定价：49.00元
ISBN 978-7-112-30745-6
　　　（44454）

版权所有　翻印必究
如有内容及印装质量问题，请与本社读者服务中心联系
电话：(010) 58337283　　QQ：2885381756
（地址：北京海淀三里河路9号中国建筑工业出版社604室　邮政编码：100037）

本书编委会

编著人员：龚利民　邹启贤

参编人员：熊　晔　杨贝贝　李　婷　黎洪元　宋远洲
　　　　　付国徽　李　旭　程　磊　王　锋　汤盛达
　　　　　张素琼　吴雪雅　林　峰　黄文章

序

在生态文明建设的宏伟蓝图中,党的十八大赋予了其前所未有的战略高度,使之成为"五位一体"总体布局与"四个全面"战略布局中的关键要素。水环境保护与生态治理不仅关乎国家的长远发展,更紧密连接着中华民族的永续未来与亿万民众的福祉。步入新时代,习近平总书记在十九大报告中深刻揭示了生态文明建设的重要性,并明确提出防范化解重大风险、精准脱贫、污染防治三大攻坚战的战略部署。其中,生态文明建设的持续强化与深化尤为令人瞩目。总书记强调,生态环境如同我们的眼睛和生命般珍贵,需以最为坚决的态度和最有力的措施加以保护,将生态环境问题置于民生工作的首位;尤其针对水环境,要深入实施水污染防治行动计划,确保饮用水安全,消除城市黑臭水体,让清澈的河水与葱郁的岸线再次融入民众的日常生活,共同描绘一幅鱼跃清波、人水和谐共生的美好图景。

流域,这一自然界的独特单元,以其水系为纽带,将气候、地形、土壤、植被等多元生态要素紧密地联系在一起,构成了一个既独立又相互依存的复杂生态系统。深圳,这座充满活力与创新的现代化都市,在综合治水领域虽已持续探索多年,但成效仍有待提升。其根源在于缺乏系统性与整体性的治理思维,导致治水设施被行政壁垒所割裂,点状治理难以触及流域问题的本质,难以形成持久稳定的治理效果。因此,深圳的流域治理之路亟需实现从碎片化治理向系统化、全局化治理的深刻转型,以应对日益严峻的水环境挑战。

正是在此历史与现实交织、挑战与机遇并存的关键时期,《厂网河湖一体化全要素水环境治理——深圳河流域水环境治理理论与实践》一书应运而生。此书由深圳市水务(集团)有限公司的资深专家与学者匠心打造,不仅是对深圳河流域治理过往实践的深刻反思与宝贵经验的系统梳理,更是面向未来、放眼全球的流域治理智慧结晶。书中,作者们创新性地提出了"厂网河湖一体化全要素治理模式"，该模式以流域为治理单元，跨越传统界限，统筹兼顾上下游、左右岸、干支流，构建起一个全方位、多层次的治水体系。通过精准管控入河污染，并利用一体化平台实现流域内设施的集中监控与高效调度，最大化发挥设施效能，在保障城市水安全的同时，实现了污水全收集、全处理的目标。这一模式的成功实践，不仅为全球超大型城市的水环境治理贡献了中国智慧与中国方案，更为流域治理提供了新的思路与路径。

针对超大城市复杂而紧迫的水环境治理需求，该书紧密围绕水环境质量提升与创优的核心目标，不仅纵向深入剖析了我国水污染治理的历史进程，揭示了水环境治理的演变规律与经验教训，而且横向全面审视了城市排水系统中厂、网、河（河流、湖泊）等各关键环节之间的内在联系与相互影响，构建了一个综合性的分析框架。从"低碳""高效""智慧"的角度出发，该书系统性地探讨了水环境治理的新理念、新技术与新模式，从点状治理到平台支撑，从治理机理到案例分析，形成了一整套可复制、可推广的系统策略。书中不仅详细阐述了"厂网河湖一体化全要素治理模式"的理论基础与实践成果，还通过丰富的案例展示了该模式在不同场景下的应用效果与优势。

本书不仅是一部专业书籍，更是一部引领流域治理新风尚的指南。它以其实践的深邃、理论的创新，将激励并指引更多城市在水环境治理的征途上不断探索与创新，共同守护好我们赖以生存的绿水青山，为子孙后代留下一个天蓝、地绿、水清的美好家园。作为院士，我深信此书将对我国乃至全球的流域治理工作产生深远影响，为推动生态文明建设贡献重要力量。

中国工程院院士、发展中国家科学院院士、美国国家工程院外籍院士，中国科学院生态环境研究中心研究员，清华大学环境学院特聘教授

前　　言

党的十八大以来，习近平总书记多次强调"绿水青山就是金山银山"，提出"生态环境保护一定要算大账、算长远账、算整体账、算综合账""坚决摒弃以牺牲生态环境换取一时一地经济增长的做法"，要求按照绿色发展理念，把生态文明建设融入各方面建设的全过程，建设美丽中国，努力开创社会主义生态文明新时代。

深圳市作为我国改革开放的第一批门户，在不足 2000km^2 的面积，承载了超过 2.6 万亿元的 GDP 和超过 2000 万人的管理人口，居民生活用水和工业用水逐步增加，同时对河流、水源的污染使水资源可利用率降低，水资源供需矛盾开始显现，城市污水排放量增大，导致水环境污染情况加剧，超大城市的水环境治理问题成为全社会、全行业关注的重点难点问题。随着《水污染防治行动计划》（简称"水十条"）的发布，深圳市对治水提质工作提出全面、系统的工作部署，经过"十二五""十三五"的大举投入和创新实践，深圳市已基本实现全面消除黑臭的目标，全市水环境已开始向"亲水、用水、乐水"方向转变。深圳水环境治理过程中，通过对大量科学理论、管理模式和创新技术的甄别、实践和修正，探索出一套超大城市的水环境治理理论和实践路径，对全方位改变城市治水理念，在全省、全国和全球范围内创新打造水环境治理范式，对深化新时期生态文明建设，推动创建社会主义现代化强国，具有战略意义。

深圳河流域是深圳水环境的重要组成，属于内源型河流，地表径流非常小，不下雨时径流基本由生产生活污水组成，没有过境的大江大河作为源头活水，枯水期河道基流极小，河道自净能力极差，水环境治理的难度和挑战非常大。深圳市水务（集团）有限公司作为深圳河流域治理主力军，率先提出"厂网河湖"一体化的水环境治理理念，并围绕"低碳、高效、智慧"的更高目标，借鉴国内外先进管理技术经验，创新实践"排水管理进小区"的源头管控,"雨污分流"的管网改造,以及"高效集约"的厂站升级;同时依托强大的数字化平台,集成全流域一网统管,优化运维管控模式,改善和持续提升深圳河流域水环境品质。

深圳河流域的成功治理破解了超大城市内源型河流治理难题,同时形成了可推广复制的理论和实践体系,其有别于其他水环境治理模式的典型特征在于:一是针对超大城市的水情和经济发展特征,形成和完善了流域治理的方法论和现代化组织统筹模式;二是在厂、网高效集约升级改造和有序运维过程中,集成式创新了大量技术方案和适配产品;三是在精细化运维调度过程中,探索出集监测、预警和调控为一体的智慧化平台,实现了流域治理的数字化转型。

针对目前行业内超大城市、内源型河流水环境治理理论和经验等方面参考资料有限的现状,结合深圳河流域治理的长期投入和实践成效,本书将全面回顾深圳河流域治理历程,在更高起点、更高层次、更高目标上凝练总结深圳河治理中的创新理论、管理模式和技术方案,及其在其他区域的推广应用成效,以期为国内外同行提供借鉴参考。

本书因存在一定区域特性,难免有疏漏,敬请读者指正。

目 录

第 1 章 全要素水环境治理背景及概念 ································· 1

    1.1 治水背景 ··· 1

        1.1.1 全国水资源基本特征 ··································· 1

        1.1.2 全国水环境治理政策 ··································· 2

    1.2 治水历程 ··· 4

        1.2.1 水污染治理历史沿革 ··································· 4

        1.2.2 水污染治理现状趋势 ··································· 5

        1.2.3 新时期面临问题挑战 ··································· 7

    1.3 国内外先进经验 ··· 8

        1.3.1 杭州 ··· 8

        1.3.2 北京 ··· 9

        1.3.3 上海 ··· 9

        1.3.4 首尔 ··· 9

        1.3.5 伦敦 ··· 10

    1.4 深圳治水探索 ··· 11

        1.4.1 深圳治水要求 ·· 11

        1.4.2 深圳治水历程 ·· 12

        1.4.3 全要素治水构想 ·· 14

第 2 章 深圳河湾流域基本情况及治理策略 ························ 16

    2.1 流域特点 ·· 16

        2.1.1 自然特点 ·· 16

	2.1.2 社会属性	18
2.2	水环境状况	21
	2.2.1 水质存在问题	21
	2.2.2 污染来源分析	23
2.3	治理目标	27
2.4	全要素治理策略	28
	2.4.1 全要素治理理念	28
	2.4.2 全要素治理技术路线	28
	2.4.3 关键举措	29

第3章 管网提质增效策略及成效 ········ 33

3.1	必要性和重要性	33
3.2	总体方案及策略	33
	3.2.1 问题分析	33
	3.2.2 总体原则	35
	3.2.3 关键策略	35
3.3	工程建设关键技术及举措	38
	3.3.1 管网排查	38
	3.3.2 管网改造	42
	3.3.3 管网建设	53
3.4	外水治理	57
	3.4.1 外水量监测与分析	57
	3.4.2 外水专项调查	58
	3.4.3 外水减量整治	59
3.5	运行维护关键技术及举措	65
	3.5.1 排水户管理	66
	3.5.2 排水管理进小区	68

		3.5.3 管网管理 ··· 69
		3.5.4 低水位运行管理 ·· 70
	3.6 典型案例及成效 ·· 71
		3.6.1 工程建设典型案例 ·· 71
		3.6.2 运行维护典型案例 ·· 78
	3.7 应用及推广前景 ·· 82
		3.7.1 创新性及先进性 ·· 82
		3.7.2 管网提质增效成效及社会效益 ·· 83

第 4 章 污水处理厂提标拓能策略及成效 ··· 84

	4.1 必要性和重要性 ·· 84
	4.2 总体原则 ··· 86
		4.2.1 适度超前原则建立弹性污水处理系统 ································· 86
		4.2.2 环境目标原则提升出水水质标准 ······································· 87
		4.2.3 安全应急原则建立联网调配系统 ······································· 87
		4.2.4 合并建设原则建设适度调蓄设施 ······································· 87
	4.3 潜能挖掘基本策略 ··· 87
		4.3.1 提高产能策略 ··· 88
		4.3.2 水质提升策略 ··· 88
		4.3.3 智能调控策略 ··· 89
	4.4 高标准建设关键技术 ·· 90
		4.4.1 智慧厂站建设探索 ·· 90
		4.4.2 污泥绿色低碳处置 ·· 93
		4.4.3 高标准臭气控制 ·· 94
	4.5 典型案例及成效 ·· 96
		4.5.1 水质提升案例（鹿丹村调蓄池）·· 96
		4.5.2 高效拓能案例（滨河污水处理厂）···································· 98

4.5.3 智慧化改造案例（洪湖污水处理厂） ……………………… 101

4.5.4 高标准除臭案例（福田污水处理厂） ……………………… 104

第5章 河（湖）分段分片治理策略及成效 …………………………… 107

5.1 必要性和重要性 ……………………………………………………… 107

5.2 总体方案及目标 ……………………………………………………… 107

5.3 分段分片治理技术及举措 …………………………………………… 108

5.3.1 沿程干流断面监控 ……………………………………… 108

5.3.2 沿线厂网设施管控 ……………………………………… 109

5.3.3 跨区域支流水质管控方法 ……………………………… 111

5.3.4 河（湖）原位生态修复 ………………………………… 111

5.4 典型案例及成效 ……………………………………………………… 111

5.4.1 布吉河水质管控 ………………………………………… 111

5.4.2 沙湾河水质管控 ………………………………………… 113

5.4.3 荔枝湖水质管控 ………………………………………… 114

5.5 应用及推广前景 ……………………………………………………… 120

5.5.1 创新性及先进性 ………………………………………… 120

5.5.2 经济效益及社会效益 …………………………………… 121

第6章 "厂网河湖"一体化调度策略及成效 ………………………… 122

6.1 必要性和重要性 ……………………………………………………… 122

6.2 总体方案及目标 ……………………………………………………… 123

6.3 关键技术及举措 ……………………………………………………… 124

6.3.1 构建一体化调度中心 …………………………………… 124

6.3.2 绘制一体化全要素图 …………………………………… 125

6.3.3 搭建监测体系 …………………………………………… 126

6.3.4 建立调度分析系统 ……………………………………… 127

6.4 一体化调度成效 ……………………………………………………… 128

  6.4.1 实时掌握流域管理状态 ·· 128
  6.4.2 提升排水管网基础数据质量 ··· 128
  6.4.3 实现深圳河流域全要素联合调度 ··································· 129
  6.4.4 提升排水截污数字化管理能力 ······································ 130

6.5 应用及推广前景 ·· 130
  6.5.1 创新性及先进性 ··· 130
  6.5.2 经济效益及社会效益 ·· 131

第 7 章 流域达标创优的数字化探索及成效 ·· 132

7.1 必要性和重要性 ·· 132

7.2 总体方案及原则 ·· 133
  7.2.1 总体目标 ·· 133
  7.2.2 核心原则 ·· 133

7.3 构建方法及路径 ·· 134
  7.3.1 设计原则 ·· 134
  7.3.2 整体框架 ·· 135
  7.3.3 技术架构 ·· 135

7.4 主要功能及成效 ·· 137
  7.4.1 排水-水环境驾驶舱 ·· 137
  7.4.2 数字零直排小区管控 ·· 139
  7.4.3 数字排口溯源管理 ··· 140
  7.4.4 厂网河联调联排 ··· 141
  7.4.5 外水分析减量 ·· 142
  7.4.6 排水 GIS 数据质量提升 ·· 142

7.5 应用及推广前景 ·· 144
  7.5.1 创新性及先进性 ··· 144
  7.5.2 经济效益及社会效益 ·· 144

  7.5.3 推广前景 ·················· 145

第8章 全要素治理模式实践成效及推广应用 ·················· 147

 8.1 总体实践成效 ·················· 147

  8.1.1 水质成效 ·················· 147

  8.1.2 生态成效 ·················· 148

 8.2 典型推广应用 ·················· 149

  8.2.1 深圳大沙河治理 ·················· 149

  8.2.2 珠海市香洲区前山河治理 ·················· 155

 8.3 社会效益与行业影响 ·················· 164

第9章 新时期高质量发展展望 ·················· 165

 9.1 思考总结 ·················· 165

  9.1.1 过往经验 ·················· 165

  9.1.2 新时期要求 ·················· 166

  9.1.3 未来挑战 ·················· 167

 9.2 新时期展望 ·················· 168

  9.2.1 管理科学，实施按效付费高效益治水新模式 ·················· 168

  9.2.2 韧性高效，构建厂网匹配高韧性污水系统 ·················· 169

  9.2.3 绿色集约，打造三生三态碳中和高品质工程 ·················· 169

参考文献 ·················· 172

第1章　全要素水环境治理背景及概念

党的十八大以来，以习近平同志为核心的党中央把生态文明建设作为统筹推进"五位一体"总体布局和协调推进"四个全面"战略布局的重要内容，明确指出建设生态文明是关系人民福祉、关乎民族未来的长远大计[1]。党的十九大报告提出，要坚决打好防范化解重大风险、精准脱贫、污染防治的攻坚战。2019年8月18日，《关于支持深圳建设中国特色社会主义先行示范区的意见》提出，深圳要打造舒适宜居的生活空间、碧水蓝天的生态空间，在美丽湾区建设中走在前列，率先打造人与自然和谐共生的美丽中国典范。这些重大定位和战略部署的实施，为深圳打赢水污染治理攻坚战提供了新的历史机遇，为深圳打造先行示范区和国际标杆城市指明了前进方向、注入了磅礴动力。

1.1　治水背景

我国工业、农业和生活污染排放负荷大，全国化学需氧量排放总量为2294.6万t，氨氮排放总量为238.5万t，远超环境容量。全国地表水国控断面中，仍有近十分之一（9.2%）丧失水体使用功能（劣于Ⅴ类），24.6%的重点湖泊（水库）呈富营养状态；甚至还有不少流经城镇的河流沟渠存在黑臭现象。在此背景下急需探索适合于目前国情和水情的水环境治理模式和路径。

1.1.1　全国水资源基本特征

我国人均水资源量少，时空分布严重不均。用水效率低下，水资源浪费严重。万元工业增加值用水量为世界先进水平的2~3倍；农田灌溉水有效利用系数为0.52，远低于世界先进水平（0.7~0.8）。局部水资源过度开发，超过水资源可再生能力。海河、黄河、辽河流域水资源开发利用率分别高达106%、82%、76%，远远超过国际公认的40%的水资源开发生态警戒线，严重挤占生态流量，水环境自净能力锐减。全国地下水超采区面积达23万km²，引发地面沉降、海水入侵等严重生态环境问题。

湿地、海岸带、湖滨、河滨等自然生态空间不断减少，导致水源涵养能力下降。三江平原湿地面积已由中华人民共和国成立初期的5万km²减少至0.91万km²，海河流域主要湿地面积减少了83%。长江中下游的通江湖泊由100多个减少至仅剩洞庭湖和鄱阳湖，且持续萎缩。沿海湿地面积大幅度减少，近岸海域生物多样性降低，渔业资源衰退严重，自然岸线保有率不足35%。

全国近80%的化工、石化项目布设在江河沿岸、人口密集区等敏感区域；部分饮用水水源保护区内仍有违法排污、交通线路穿越等现象，突发环境事件频发。1995年以来，全国共发生1.1万起突发水环境事件，仅2014年环境保护部调度处理并上报的98起重大及敏感突发环境事件中，就有60起涉及水污染，严重影响人民群众生产、生活，因水环境问题引发的群体性事件呈显著上升趋势。

1.1.2　全国水环境治理政策

2012年11月，党的十八大把生态文明建设提升到"五位一体"总体布局的战略高度，提出大力推进生态文明建设，建设美丽中国，实现中华民族永续发展。2012年12月，习近平总书记在广东省考察时指出："我们在生态环境方面欠账太多了，如果不从现在起就把这项工作紧紧抓起来，将来付出的代价会更大。在这个问题上，我们没有别的选择"，如何按照党中央的总体布局和习近平总书记的重要指示精神，走好经济社会和生态文明建设协调发展之路，特别是如何解决深圳"久治不愈"的水污染问题，成为深圳市委市政府研究推进的重要工作。然而，由于规划、产业、人口、机制等多种因素影响，截至2015年，深圳市污水管网缺口增加至5938km，污水处理能力缺口高达143万m³/d，水污染问题的严峻形势亟待改变[2]。

2015年4月16日，历时两年、经过数十次修改的《水污染防治行动计划》（简称"水十条"）由国务院正式对外公布。此次，"水十条"的每条、每款、每项都落实到具体的牵头部门或者参与部门，这在过去的文件中，尤其在国务院的文件中还是比较少见的。"水十条"的总体要求是按照"节水优先、空间均衡、系统治理、两手发力"原则，贯彻"安全、清洁、健康"方针，强化源头控制，水陆统筹、河海兼顾，对江河湖海实施分流域、分区域、分阶段科学治理，系统推进水污染防治、水生态保护和水资源管理。"水十条"的第一次明确将城市黑臭水体治理纳入国家水治理体系范畴，标志着水污染治理从以污水处理厂出厂水水质达标向水环境质量提升转变。

为确保"水十条"的各项要求有效执行，2015年9月，住房城乡建设部、环保部（现生态环境部）联合发布《城市黑臭水体整治工作指南》（以下简称《指南》），成为"水十条"的第一个配套细则。《指南》中明确指出黑臭水体整治的目标，暨到2015年年底前，地级及以上城市建成区应完成水体排查，公布黑臭水体名称、责任人及达标期限；2017年年底前，地级及以上城市建成区应实现河面无大面积漂浮物，河岸无垃圾，无违法排污口；直辖市、省会城市、计划单列市建成区基本消除黑臭水体。2020年年底前，地级及以上城市建成区黑臭水体均控制在10%以内；2030年城市建成区黑臭水体总体得到消除。深圳作为全国五个计划单列市之一，应在2017年年底前实现建成区基本消除黑臭水体[3]。

2019年4月，住房城乡建设部、生态环境部、国家发展改革委联合印发了《城镇污水处理提质增效三年行动方案（2019—2021年）的通知》，提出了三个基本消除和一个有效提升的核心目标。该通知要求地级及以上城市建成区基本无生活污水直排口，基本消除城中村、老旧城区和城乡结合部生活污水收集处理设施空白区，基本消除黑臭水体，城市生活污水集中收集效能显著提高。同时要求城市污水处理厂进水生化需氧量浓度低于100mg/L的，要围绕服务片区管网制定"一厂一策"系统化整治方案，实施管网混错接改造、管网更新、破损修复改造等工程，实施清污分流，全面提升现有设施效能[4]。

2020年7月，国家发展改革委、住房城乡建设部联合印发了《城镇生活污水处理设施补短板强弱项实施方案的通知》，提出到2023年，县级及以上城市设施能力基本满足生活污水处理需求。生活污水收集效能明显提升，城市市政雨污管网混错接改造更新取得显著成效。城市污泥无害化处置率和资源化利用率进一步提高。缺水地区和水环境敏感区域污水资源化利用水平明显提升[5]。

2021年6月，国家发展改革委、科技部、工业和信息化部、财政部、自然资源部、生态环境部、住房城乡建设部、水利部、农业农村部、市场监管总局共十部委联合印发了《关于推进污水资源化利用的指导意见》。该指导意见提出，到2025年全国污水收集效能显著提升，县城及城市污水处理能力基本满足当地经济社会发展需要，水环境敏感地区污水处理基本实现提标升级；全国地级及以上缺水城市再生水利用率达到 25% 以上，京津冀地区达到 35% 以上；工业用水重复利用、畜禽粪污和渔业养殖尾水资源化利用水平显著提升；污水资源化利用政策体系和市场机制基本建立；到 2035 年，形成系统、安全、环保、经济的污水资源化利用格局。

1.2 治水历程

1.2.1 水污染治理历史沿革

河流湖泊的自然属性主要体现为河湖在时空上是流动的、分布不均匀的，河湖属于水环境的一部分，而水环境又属于生态环境的一部分，与水圈、岩石圈、大气圈和生物圈均具有复杂的互动关系。同时河流湖泊还具有社会属性，体现出复杂的社会关系网络。河湖的自然边界与行政管辖区域不匹配，因此河湖的治理经常需要跨行政区域协作；河湖管理是一项系统工程，非单一部门可以承担，因此需要跨部门协作；河湖水的利用对工业生产和居民生活至关重要，涉及经济发展、环境保护与公众健康；水资源的分配和管理同时也是一个政治决策过程，涉及政治制度、法律和行政制度安排等。河流湖泊的自然属性和社会属性融合在一起，呈现顽疾问题（wicked problem）的特征。顽疾问题具有复杂性、多样性和不确定性，时刻处于变动之中，难以预测，且难以找到简单的解决方法。我国水环境治理理念和方法经历了三个历史阶段：工程技术管理、生态系统观和水资源一体化治理[6]。

第一阶段大致发生在 20 世纪 30 年代至 60 年代，以工程技术管理为主要特征。工程技术人员在水资源管理中起主导作用，采用高度科学化的方法和技术创新促进水资源的最优分配和水利工程的发展。

第二阶段发生在 20 世纪 60 年代到 80 年代末，受行为主义革命和环境运动的影响，传统的工程技术管理已不适应社会经济发展的需要，生态系统观应运而生。生态系统观将水资源治理看成是整个生态系统的一部分，并将人类的社会经济活动和公众的需求也纳入这个系统。然而，生态系统观过于宏大，无法为水资源管理提供具体可行的解决方案。

第三个阶段发生在 20 世纪 90 年代初，"都柏林治水原则"、水资源一体化治理理论、流域治理理念逐渐形成。1992 年在爱尔兰都柏林举行的水与环境国际会议，提出"都柏林治水原则",着重强调了水资源一体化治理（Integrated Water Resource Management）理论[7]。这一理论的关键在于"一体化（integrated）"。"一体化"可分为三个层面：一是管理者应该将不同部门和不同的利益相关者纳入水资源公共决策过程；二是将水资源涉及的自然系统（如河流湖泊在内的水生态）和人类社会系统（如经济发展和环境保护）综合起来；三是将水治理与环境治理整合起来。一体化成为水环境治理机制创新探索的逻辑起点。

1.2.2 水污染治理现状趋势

经过三个阶段的治理，我国河湖生态趋于好转。在水治理方面，基础设施严重落后于防洪安全和供水需求的矛盾已经根本缓解，大规模水利工程建设的时代已经过去。水治理的主要矛盾已经转变为可持续、绿色、宜人、高效等更高的水治理要求与水治理现状之间的矛盾。而这其中，很大一部分矛盾都是由人的不合理使用行为造成的。因此，水利部提出今后水资源管理的主要任务是调整人类对水的不合理使用行为，尤其是破坏行为。

1. 社会主要矛盾的改变对水治理提出新要求

十九大报告强调，中国特色社会主义进入新时代，我国社会主要矛盾已经转化为人民日益增长的美好生活需要和不平衡不充分的发展之间的矛盾。社会主要矛盾的改变，在水治理方面有何表现？从多种指标来看，我国已经处于环境库兹涅茨曲线的顶点。水资源消耗量、水污染物排放量已经达到顶点并转而下降。根据《中国统计年鉴》的数据，农业用水、总用水都曾在20世纪90年代末至2000年出现下降现象，但从2004年之后又转而上升。2013年持续增加到了6184亿m^3。这主要是受到当时初始水权分配和划分用水指标的影响，各地倾向于多报月水数据。2013年以后，农业用水、工业用水、总用水都出现下降现象——中国用水在接近6200亿m^3的高峰之后，转而下降。这一下降趋势不会逆转，也就是说，未来中国用水量将不会恢复到接近6200亿m^3的水平。我国的经济已经发展到冶金、建材、化工等高用水行业严重产能过剩、必须压缩产能的阶段，并且污染防治执法的日益严格也会倒逼污水排放多的行业减少用水，因此工业用水必将低于现在的水平。同时因为农业节水技术的进一步推广，以及缺水地区农业种植结构向低用水作物转移，农业用水量也将在保持粮食产量的前提下进一步减少[7]。

从废水的排放看，虽然我国废水的排放总量仍在增长，如 2015 年排放总量为 735.3 亿 m³，比 2014 年增长 2.7%，其中生活污水排放量 535.2 亿 m³，增加了 4.9%，但污水中的主要污染物氨氮和化学需氧量（COD）排放总量逐年下降。废水中氨氮排放量从 2006 年出现转折呈下降的态势。

2. 现代化治理体系的构建对水治理提供新载体

水的流动特性决定了水环境治理要坚持系统思维，要上下游联动、全面发力，才能取得预期成效。只有全面排定流域内需要整治水体，坚持系统治理，跨行政区联动，推动流域内主流与支流、上游与下游治理项目同步实施，才能有效解决分段治理不能彻底解决水质改善的问题。同时，为了增强河道的流动性，要进一步加大力度支持上游地区引水补水措施，促进水体有序流动，提高水体自净能力，惠及下游地区[8]。

水的系统性特征对水污染治理也提出了新的要求。由于现代社会治理的广度和深度，不是单一的市场或社会自治所能胜任的，政府-市场-社会三位一体的治理体系必不可少。政府负责制定社会治理的法规，按法规进行重要的内政和外交管理；市场按照规则以及政府的调控来配置资源；社会各方实行内部自治并参与社会事务的管理。作为社会治理的一部分的水治理，也应该符合这一发展方向。在目前行政主导乃至垄断的治理格局下，需要大力发展水治理的相关市场机制和社会参与机制。

多年的水环境治理经验表明"污染在水里，根子在岸上"。政府相关部门高度重视这一问题，采取跨部门联动的政策举措，支持岸上、岸下共同采取整治措施。在岸下，支持水务部门开展排口整治、清淤疏浚、生态治理、引流补水等措施，解决河道中存在问题；在岸上，以入河排口为起点，倒查岸上污染源头；在城市，支持建设部门同步开展雨污分流工程；在农村，支持农业部门同步开展面源污染治理项目，切实消除入河污染源。通过综合施策，形成岸上、岸下共同治理的格局，取得了不错的成效。

3. 创新技术的多元融合对水治理提供新方法

计算机网络的普及曾带来信息传播的革命。2000 年后智能手机和移动网络的普及，使信息传播进入了自媒体的新时代。社会舆论有了完全不一样的生态。水治理必须适应时代的要求，接受群众无所不在的检验和批评。以物联网、人工智能为代表的新技术，使得社会治理进入智慧时代。水治理也应该跟上智慧时代的步伐，大幅度提高水管理的信息采集、传输、处理水平，提高水管理的自动化、智能化水平。

智慧水务是通过新一代信息技术与水务业务的深度融合，充分挖掘数据价值和逻辑关系，实现水务业务系统的控制智能化、数据资源化、管理精准化、决策智慧化，保障水务设施安全运行，使水务业务运营更高效、管理更科学和服务更优质。近年来，在"数字中国""智慧城市"等建设大背景下，随着人工智能、5G技术、大数据、物联网、云计算和区块链等新一代信息技术的不断发展，智慧水务将日益成熟，为水治理提供新方法新支撑。

1.2.3 新时期面临问题挑战

城市水问题的表现多种多样，本节主要从城市缺水与节水、洪涝灾害防治和水环境及黑臭水体治理三个最主要的方面，简要梳理我国城市水问题治理的基本现状。

1. 城市缺水与节约用水

近年国家提出了"节水优先"，把节水摆在空前高的位置，为推进城市节水和水资源综合管理提供了重要指引。2019年，国家发展改革委、水利部联合印发了《国家节水行动方案》，规定到2022年和2035年，全国用水总量分别控制在6700亿m^3和7000亿m^3以内。近年水利部大力推动节水型社会建设，已有266个县区建成节水型县区。这些都说明我国城市节水和水资源综合管理总体上处于快速发展阶段，未来仍有较大上升空间[9]。

2. 城市洪涝灾害防治

过去几十年的城市化进程中，城市内涝成为一种新的"城市病"，2006年以来，我国每年受淹城市数量均在100座以上，2008—2010年全国有62%的城市发生过内涝，内涝超过3次的城市有137座。在城市洪涝防治方面，我国已逐步构建起了以"预防为主、预报预警、应急调度、抢险救灾"为主线的城市洪涝防治体系，特别是深圳、福州和东营等地，开展智慧洪涝管理等新技术的先行先试，取得了较好效果。

3. 城市水环境及黑臭水体治理

由于城市化、工业化和老旧城市排水体制不健全等一系列历史遗留问题，许多城市不同程度存在黑臭水体。2015年国务院印发的"水十条"，向黑臭水体宣战，经过多年的大力治理，我国地级以上城市建成区黑臭水体治理取得重大进展，基本构建了黑臭水体治理的体制机制、标准规范和运作模式等体系，为全面消除黑臭水体、构建优美的城市水环境打下了坚实基础。

1.3 国内外先进经验

水环境治理主要包括污染物减排和环境修复，其中污染减排是关键，因此水环境治理应该以污水处理为主，以环境修复为辅。近年来，欧美发达国家采用的水环境治理技术主要包括流域水环境综合管理技术、流域水环境监控与预警技术、水污染负荷消减技术、湖泊富营养化治理与生态修复技术、河流水环境综合整治技术、城市水污染控制与水环境综合整治技术等。需要强调的是，就具体的技术发展趋势来看，生态或生物方法是欧美发达国家修复水生态系统中最为推崇的举措之一。这种技术实际上是对水体自净能力的强化，是人们遵循生态系统自身规律的尝试。而我国水环境复杂，引发水污染的原因更复杂，在具体进行水环境治理时，更趋向于多种技术的集成。在选择具体技术集成时，则需要根据治理水域的污染性质、程度、生态环境条件和阶段性或最终的目标而定，即在实施前要对治理水域作系统周密的论证，而后制定实施方案，才能达到预期的目标[10]。

以下针对国内外典型城市的水污染治理措施展开分析。

1.3.1 杭州

杭州市作为成功整治水环境的典型案例，完成黑臭河道及小微水体的综合整治，生态治水深入人心。主要治理措施如下：第一，健全组织架构，注重统筹治水。成立五水共治办公室，由各个部门联合组成，实体办公，实现了有章可循、有法可依，全民共同参与治水。第二，建设"污水零直排区"，狠抓控源截污。运用末端截流、就地处理、以拆代截等方式，破解截污纳管"最后100m"的难题，对全市排口进行规范整治。在全面排查的基础上，分片分区推进雨污分流工作。同时，针对污水处理能力不足的问题，加快污水处理设施建设进度，全市43座污水处理厂全部达到一级A排放标准。第三，倒逼产业转型，狠抓污染治理。强化重点行业整治提升，造纸和印染行业单位耗水下降，产品也由低端向高端转型，关停污染较重的养殖企业。治水也同步催生了一大批新型产业小镇，杭州市绿色发展指数在全省排名第一。第四，创新监督体系，狠抓制度治水。实施"三色预警"机制，深化联动治水，健全联合会商、联合通报、联合检测、联合执法、联合监督等制度，解决区域纠纷，形成"同治、同管、同护"的上下游、左右岸、跨区域河道系统治理格局；构建由1952名民间河长、11000多名巡河志愿者、5800名河道保洁兼职信息员组成的社会参与网络。

1.3.2 北京

北京市和深圳市降雨分布特点相同，时间和空间分布都不均匀，且都面临着水资源短缺的问题。2016—2017年，北京市基本实现了消除黑臭水体的目标，部分水体在解决黑臭的基础上，已经开始着力打造水环境的再次提升，将黑臭段改变为城区的主要景观河道，致力于进一步提升周边居民的人居生活环竟和城区形象。具体治理措施有：第一，高度重视，组织有序。成立北京市污水处理和再生水利用工作协调小组，统筹协调和指导全市包括黑臭水体整治工作在内的水环境治理工作，协调小组办公室设在市水务局。第二，系统推进，行动迅速。北京市改府高度重视污水的处理及再生水利用工作，在2015年就启动了全市河道清淤专项工作。第三，完善政策，激励引导。建立健全清淤资金全额奖励补贴机制。第四，因地制宜，优化流程。对黑臭水体整治工程采用"一会三函"项目管理模式，优化建设审批流程。

1.3.3 上海

上海市与深圳市同属国际大都市，上海市在水污染治理方面的措施是：第一时间摸清全市黑臭水体底数为1863条；上海56条河，自1988年开始，每年投入24亿元进行综合整治和水质维护，以长效的管理机制和持续的资金保障形成水污染控制的整体文化和惯性；在生活污水的整治方面也具有先进经验，该工作开展时间较早，乡、区、市政府长期投入，每年分别支付3万元、6万元、9万元的养护经费。上海城市河流两岸也曾遍布违章建筑，在政府决心下，开展"五违四必"行动，拆除1.6亿m^2的违章建筑。除官方途径外，还采用了一些特别方法，如：从公务员家庭入手、从城中村干部着手或是通过老师做家长工作等。

1.3.4 首尔

首尔经过几十年的水环境整治，建设了人水相近、人与自然和谐相处的生态城市。主要采取如下措施：第一，开展污水换热供暖工程。韩国环境部发布"2017年污水统计"数据，其中整个下水道长度为149万km，可绕地球37圈多，年污水处理量达70.17亿 m^3，为提高污水回收利用率，充分发挥污水价值，首尔市启动了污水换热供暖工程，大大提高了污水利用率，减少污水对水环境的污染。第二，建设水循环系统。随着城市化、工业化的进程，首尔市绿地面积大幅度减少，亲水空间急速降低，增加了洪水发生的概率，首尔市政府提出要通过雨水管理措施来改善地表的渗透性及恢复城市的水循环系统。为此，首尔市政府提出了三方面解决措施：一是人行道透水性铺装、邻车道设置渗水性雨水槽、移除街边绿化带的路肩石；二是在公园、绿地建造雨水景观，建设滞留设施，种植净化植物；三是通过公共住宅、建筑物楼顶绿化，缓解城市热岛现象。第三，加强现代化管理手段。首尔水利工程在管理手段和管理方法上更加科学与经济，充分利用了现代化智能与网络技术，大大减少了人力、物力、财力方面的投资。实时监测辖区内的河流湖泊的水质水量信息，对企业、工厂的排污口进行排水监测，以便及时发现并解决问题，保证污废水达标排放[11]。

1.3.5 伦敦

伦敦在工业化、城市化快速发展的过程中，出现了严重的水环境污染问题。但伦敦通过健全的水务管理体制、完善的污水收集系统、先进的可持续排水系统，在河流治理方面取得了显著成效，是"先污染，后治理"的典型案例之一。主要采取如下措施：第一，建立健全水务管理体制，统筹治水。伦敦的水资源是由自来水公司、环境署和其他合作伙伴共同管理，以实现对伦敦现有和未来水资源的有效管理，满足不断增长的人口的需求，同时保护自然环境。第二，加强公众参与，促进水管理机制完善。伦敦每一个区域都有地方行政人员和一般民众代表组成的消费者协会，对供水公司提供的服务进行监督，提出意见和建议，实际上相当于地方参与水管理。第三，政府水资源管理的资金充裕、来源稳定，注重养护。伦敦市政府注重资金的持续投入，每年按预算安排项目，当年收入是下一年预算的基础，资金45%来源于取水、排污及环保收费等[12]。

综上，国内外一些城市已开展大量的水污染治理工作，尤其国外在水污染治理方面已经具备了成熟的理论与方法，注重建立健全水污染治理相关法律法规，强调依法治水，并具有完善的监督监管体系，能及时发现水污染治理中存在的问题。通过对国内外典型城市水污染治理措施进行研究分析，总结出以下经验：第一，建立完善行业监管机制。在水污染治理工作中,进行有效监督监管是水污染成功治理的重大前提。要建立健全执法监督机制,完善监督相关法规,建立高效的执法监督机制,同时建立了"季查季报"工作机制,并委托第三方中介机构开展市、区、镇、村河道养护实效检查工作,聘请行业监督员开展河道维修养护作业等活动,进一步加强了河道维修养护作业质量监管。第二,加大海绵城市建设力度。随着社会的发展及治水观念的改变,建设人水和谐共生生态水环境的呼声越来越高,采用生态化治水手段,推行可持续排水系统,落实建设海绵城市理念。第三,实行流域化水污染治理手段。在治水工作中,要从全局出发,系统考虑,打破治水的碎片化、分离化,设立流域水污染治理办公室,推进全流域水污染治理。第四,建立水污染治理长效机制。在治水工作中,监管与养护起到十分重大的作用,应建立长效的水资源养护机制,加大对河流的资金投入,形成定期清理、定期检测的机制;应积极引导公众参与治水工作中,发挥群众力量,实现全民治水的良好氛围。第五,着眼未来。治理水污染不止是需要治已污染的"标",更需要防范水源的污染,这才是治理水污染问题的"本"。从开发到管理再到保护,应一步一个脚印,在治理高速发展带来的"糟糠"后,更加注重发展过程中的弊端,愈加重视"可持续发展"的理念。

1.4 深圳治水探索

1.4.1 深圳治水要求

深圳市作为我国改革开放的第一批门户,在40多年来不懈的努力和全民的关注下不断成长,由一个人口仅为2.3万人的边陲小镇一跃成为如今常住人口近2000万人的社会主义先行示范区的"双核"城市。随着深圳市人口数量的增加和经济的快速增长,居民生活用水和工业用水逐步增加,同时对河流、水源的污染使水资源可利用率降低,水资源供需矛盾开始显现,土壤、植被、林地的大量消失,保水能力下降,本该流入地表的雨水直接进入海洋。城市污水排放量增大,导致水环境污染情况加剧。深圳特区虽然从1982年开始建设滨河污水处理厂一期等污水收集处理设施,但由于流域内人口和建设开发增速太快,污水收集处理设施配套总是欠缺落后,难以满足需要,且由于工业废水的排放和雨污混流,利用天然河道输送污水,河流普遍存在不同程度的污染。

在"水十条"发布之前，2015年3月27日，深圳市政府常务会议讨论并原则通过《深圳市治水提质总体方案（2015—2020年）》。随着"水十条"的发布，2015年6月10日，深圳市治水提质指挥部审议通过了《深圳市贯彻国务院水污染防治行动计划实施治水提质的行动方案》，对深圳市治水提质全面、系统地提出工作要求。2015年10月30日，《深圳市治水提质工作计划（2015—2020年）》发布，明确了全市治水提质的技术路线、进度计划、资金安排、责任主体，为深圳市水污染治理指明了可操作性的制度及方案。

与此同时，深圳水污染治理工作受到党中央、广东省政府的关怀和指导。2016年，中央第四环境保护督察组从专业角度指出深圳治水工作中存在的雨污合流、箱涵截污等治标不治本的问题，促使深圳下决心"正本清源"，大力推进全市旨在雨污分流的管网改造工程。2018年，中央生态环境保护督察"回头看"又指出广东生活污泥深度处置能力不足、倾倒多发频发等问题，推动深圳加快生活污泥处置能力建设。生态环境部、住房城乡建设部等国家部委领导同志频频来深圳调研指导，为深圳治水工作把脉问诊。多位历任省委书记亲自过问和指导深圳水污染治理工作，要求"闯出一条具有深圳特色的河流污染整治新路"。广东省人大常委会、广东省政协委员会将深圳水污染治理工作列为重点监督事项，每年至少来深圳专题督导一次水污染治理工作，系统性了解进展情况，提出指导意见。在党中央、省政府的关怀和指导下，深圳加强党对水污染治理工作的领导，把河长制压实成责任制，推动全市形成齐抓共管、勇挑重担、全民参与的攻坚之势。

1.4.2 深圳治水历程

深圳的治水伴随着经济的快速发展而不断发展，共经历两个阶段：

1. 第一阶段

1980—2003年为治水第一阶段，该阶段治理的投入力度不大，初步形成了原特区内污水收集和处理系统，河道水质日益下降。其中前十年（1980—1990年），深圳处于结构性成长阶段，水质总体状况良好，这期间建设主要集中在罗湖、上步、蛇口和沙头角等地区，深圳政府建成了二线关内贯穿中西部的污水干管以及污水排海干渠，充分利用珠江口海洋环境容量，对深圳河湾水质有一定改善；后十余年（1991—

2003年），深圳市高速发展，建成区规模由120km²增长到358km²，人口规模从202万人增加到500万人。发展加快的同时，生态环境问题突出，河流水质恶化现象严重，地表水逐步恶化为Ⅴ类或劣Ⅴ类。于是，深圳市政府从2000年开始加大力度进行水污染治理基础设施的建设。截至2003年，原关内建成城市生活污水处理厂6座，总处理能力为154万 m³/d，建成市政排水管网达2453km；关外建成污水处理厂4座，处理能力为25万 m³/d[13]。在这十余年中，深圳市关内虽然已形成主要污水干管系统，但是排水管网错接乱排现象非常严重，污水通过雨水管渠入河，仅特区内漏排污水量就高达55万 m³/d，特区外污水处理设施更为薄弱。

在城市建设推进过程中，深圳市以雨污分流为指导，建设分流制污水收集与处理系统，从源头收集污水。深圳的水污染建设者们开展了大量的正本清源工作，完善城中村、居住小区、市政道路污水管网的建设。但由于城中村违章建筑很多，污水违规错接乱接、乱排偷排现象非常严重，污水很难从源头收集。因此，深圳水污染治理者认为从污染源头进行分流制管网建设与管理，短期内不能完成，按单纯分流制方向建设，河流水质难以好转。

2. 第二阶段

2003—2015年为治水第二阶段，从2003年开始，深圳市提出了"正本清源、截污限排、污水回用、生态补水"的十六字治污方针，水污染治理基础设施建设步伐也大大加快。原特区内建立了比较完善的处理和排放系统，原特区外干管和污水系统也逐步形成。截至2015年，深圳市已建成污水处理厂31座，污水处理能力达480万 m³/d，建成污水管网4354km，截污箱涵53.8km。在这10余年内，深圳治水重视点截污工作，即入河排放口污水的收集工作。针对大量大口径的合流管及合流箱涵系统，在入河之前设置截流井，截流污水至污水管网。但是点截污存在以下缺点：一是雨季水量剧增，下游污水管网和污水处理厂难以承受，导致污水外溢、污水处理厂水量水质变化大而难以处理；二是容易发生河水倒灌，尤其是感潮河段，大量海水倒灌进入分流制系统；三是截流井及截流管易堵塞，导致截流井失效。

总体来说，过去的30年，深圳市在水污染治理方面作了大量工作，水污染治理体系基本形成，污水处理厂布局、污水收集骨干系统初步搭建完成。由于深圳市开发建设强度大、人口高度密集、产业高速发展等特点，点源、面源污染负荷重，而且大小河流的雨源性特点突出[14]，自净能力极其有限，尤其是原特区外污水支管网建设极不完善，缺口量巨大，现有管网系统建设混乱，导致清污不分、雨污不分、污水收集率不高，需要构建更加高效的排水系统。

1.4.3 全要素治水构想

流域作为一种特殊的自然区域，是一个相对独立的自然地理系统，它以水系为纽带，将系统内各自然地理要素连结成一个不可分割的整体。流域内的气候、地形、土壤、植被等对河川径流施加影响，使河流表现出不同的水文特征。流域水环境治理需要统筹自然生态及治水治污设施的各个要素，用系统方法治水。

在总结不同历史时期治水存在的问题后，深圳开始探索新的污水收集系统建设，并形成了截污箱涵收集系统体系，被称为"大截排"方案。截污箱涵建设的本意是设置一个面源污染的收集及处理系统，收集并处理初小雨，但实际上成为一种合流制收集系统。实际做法为在河堤邻河位置设置一道箱涵，将合流管（渠）、河道支流入干流之前接入箱涵，或在支流河道上建设高截流倍数（$n=10\sim15$）的沿河截污管。箱涵过流规模根据收集面源污染的需要确定，箱涵满水后从其顶部溢出以免造成内涝。箱涵收集的合流水，一般通过调蓄池一级处理后排放，但由于这种末端收集的箱涵系统所需调蓄池占地非常大，用地不能解决，因而另一种做法是将调蓄池合流污水导入污水处理厂。深圳市在此思路下建设了观澜河、新洲河、福田河、龙岗河、茅洲河等截污箱涵收集系统。箱涵截污从一定程度上来说，提出了一种在末端收集污水的新思路，但其缺点也非常明显：

一是"截污箱涵"主观上想避免征地、拆迁等矛盾和调整管网、解决错接乱排等艰苦、细致的工作，从末端收集污水。但旱季收集的污水实际混入大量基流、地下水，并未从源头分流污水，导致清污不分、雨污不分、截污效果大打折扣。

二是调蓄池建设困难，一级强化处理终端未跟上。调蓄池是箱涵截污系统中的关键一环，但实际工程中往往由于征地拆迁，调蓄池迟迟不能上马，一级强化处理终端也不能落地，导致雨季超量混流污水直排入河，截污箱涵实际上只承担了污染转移功能，未能有效处理污染物。

三是调蓄池混流污水若进入污水处理厂，将占用污水处理规模总变化系数（K_z）中日变化系数（K_d）部分，对污水处理厂造成很大的冲击负荷，并增加运行管理的难度。

在系统梳理总结截污箱涵收集系统治水痛点难点基础上，为确保落实《深圳市水污染防治目标责任书》2018年底达到Ⅴ类水的目标，亟需进一步构建更高效、更适配、更系统的治水模式。2018年7月深圳市在全国首创了将治水责任下达到本地水务企业，成立了深圳河流域下沉督导组，并直接任命深圳市水务（集团）有限公司（以下简称深圳水务集团）董事长为组长，明确深圳水务集团为流域排水设施统一建设运营主体和责任主体，为各项工作系统开展提供组织保障，对深圳河水质达标负责。

在此背景下，围绕流域治理达标的任务目标，总结既往流域治理的经验和教训，结合国内外流域治理的先进做法，针对深圳河流域环境容量小、管理主体多元化的特征及困境，深圳水务集团创新提出"厂网河湖"一体化全要素治理模式。该模式即以流域为单位，充分发挥集团运营、技术、管理优势，探索构建全要素治水体系，全力管控入河污染量，统筹上下游、左右岸、干支流，对深圳河流域设施集中监控、统一调度，发挥设施效能最大化，在保障城市安全的同时，实现污水全收集、收集全处理，保障深圳河湾流域治理达标。

第 2 章　深圳河湾流域基本情况及治理策略

深圳河湾流域地处粤港澳大湾区发展主轴和深港门户区域，流域范围涵盖南山、福田、罗湖三个城市中心区及龙岗区南部布吉、南湾片区，是深圳经济特区最早开发的城区，是深圳的行政、文化、金融、信息和商务中心，流域面积约 340km^2，占深圳市全市总面积的 17%；按第七次人口普查数据，常住人口总计约 589 万人，占全市总人口的 33%；流域内 2022 年国内生产总值（GDP）约 1.82 万亿元，占全市 GDP 的 56.2%，是深圳经济发展和科技创新的核心地带，也是展示深圳现代滨海生态城市魅力和形象的城市名片。

2.1　流域特点

2.1.1　自然特点

1. 山区型

深圳河和深圳湾流域简称深圳河湾流域，位于珠江口东侧，东起梧桐山，西至珠江口东岸，北起牛尾岭、鸡公山、羊台山，南至香港新界四排石山、四方山。其中：深圳河是深圳市和香港特别行政区界河，发源于梧桐山牛尾岭，由东北向西南流入深圳湾，流域面积 312.5km^2，其中深圳一侧（右岸）187.5km^2、香港一侧（左岸）125.0km^2，河长 37.6km，水系分布呈扇形，深圳侧一级支流 5 条，分别为莲塘河、沙湾河、布吉河、福田河、皇岗河，香港侧一级支流 3 条，分别为梧桐河、新田东、平原河。深圳河中上游（三岔河口以上）流经台地河丘陵区，坡度较陡，三岔河口以下为平坦的冲积海积平原，比降较缓。深圳侧共有 5 条独立河流直接排入深圳湾，分别为新洲河、凤塘河、小沙河、大沙河及后海河（表 2.1）。

深圳河湾流域独立河流及一级支流一览表　　　　表 2.1

流域名称	支流名称	流域面积（km²）	河道长度（km）
深圳河流域	莲塘河	10.10	13.24
	沙湾河	68.52	14.08
	布吉河	63.41	10.00
	福田河	14.68	6.77
	皇岗河	4.65	1.79
深圳湾流域	新洲河	21.50	11.3
	凤塘河	14.98	2.47
	小沙河	3.00	2.50
	大沙河	92.26	8.00
	后海河	8.25	3.95

2. 雨源型

深圳河湾流域处于沿海地区，属于南亚热带海洋性季风气候区。气候温和湿润，雨量充沛。区域内降雨量时空分配非常不平衡，降雨年内分配极其不均匀，多年平均降雨量为 1935.8mm。汛期（4~9 月）降雨量大而集中，多以暴雨形式出现，约占全年降雨总量的 80%。根据《广东省水文图册》，深圳河湾流域的河流多年径流深约为 1000mm，年平均降水资源量约 6.59 亿 m³，流域河流雨源性特征明显，短小流急，暴涨暴落，雨季是河，旱季成沟，纳污自净能力极其有限，水环境容量小，水生态系统脆弱。由表 2.2 可知，深圳河湾各河流旱季污径比远高于雨季且差异巨大，前者为 61.6%~98.6%，后者为 15%~59%。

深圳河湾各河流旱雨天污径比统计　　　　表 2.2

深圳河湾各河流名称	旱季污径比（%）	雨季污径比（%）
布吉河	91.0	53
沙湾河	87.8	45
水库排洪河	87.4	41
福田河	87.1	43
新洲河	73.0	23
凤塘河	91.9	56
大沙河	61.6	15
小沙河	98.6	59
深圳河	81.0	48

注：污径比是指所排放的污水水量与纳污水体水量的比值。对于河流而言，污径比为排放的污水流量与河流径流量的比值，常被用作水质评价指标。

3. 感潮型

深圳湾为半封闭海湾，东接深圳河，西连珠江口内伶仃洋，湾内纵深约14km，平均宽度为7.5km，平均水深仅为2.9m，湾内水域面积为92.17km^2，湾口至湾顶长18.5km，海床高程大部分在$-7\sim-1$m之间，比降约0.3‰，集水面积为655km^2。受深圳湾潮汐影响，深圳河为感潮河段，典型的不规则半日潮，平均涨潮历时5.6h、落潮历时7.2h，表现出涨潮历时短、落潮历时长的特点。潮汐在一个太阳日内有两次高潮和两次低潮，约15d为一周期，平均潮差1.5m，最大潮差3.4m。受潮水顶托，污水进入河道后下泄不畅，大量淤泥在中下游河道淤积，厌氧发酵，形成严重的二次污染。同时深圳河具有雨源性，降雨时，河水陡涨陡落，无法蓄水；旱季时，径流很小，没有清洁水源补充。

2.1.2 社会属性

1. 高强度开发与流域环境承载力严重失衡

深圳河湾流域的河流多以山区型和感潮型为主，雨源性特征突出，水量随季节变化大、生态基流难以保障，易受人类活动影响，河流生态系统稳定性较差，治理难度较大。且深圳河河口地区在整个深圳湾中具有重要地位，此区域内包含深圳侧的国家级福田红树林自然保护区和香港侧的米埔国际重要湿地，是重要的生态敏感区，对水环境有极高要求。但该流域范围城市高强度开发，人口密度大，不到340km^{2}的面积，常住人口高达589万人，流域内2022年GDP约1.82万亿元，污染负荷远远超过环境承载能力。

2. 城市超规模发展与排水系统建设和管理滞后

深圳的发展速度、人口产业规模远超规划预期，规划动态变化大，导致排水规划滞后。历史遗留建筑数量庞大，约占全市总建筑面积的40%。近1000万人居住在排水标准偏低、缺乏配套排水设施的城中村（约1860个）。同时点源面源污染负荷重，缺乏长效管理。全市涉水污染源点多线长面广，排水户超过35万家，散排、私接、错接现象普遍，散乱污企业超过1.47万家，污染管控难度较大。市民环保意识不强，生活垃圾、工业废水、建筑垃圾等入河现象屡禁不止，面源污染严重。具体来说，主要有以下四方面的问题：

1) 污水支管网系统不完善

截至2015年年底，深圳河湾流域已建成滨河、罗芳、南山、西丽、蛇口、布吉和埔地吓污水收集处理系统，污水干管系统基本成形，但污水支管网系统仍不完善，管网密度低，存在大量污水管网空白区，部分河道暗渠甚至作为主要排污通道。市政污水管网约1450km（含沿河截污管网81km），市政污水管网密度约为$6.5km/km^2$。

2）污水管网雨污混流严重

深圳从建市开始，流域排水系统就是按照雨污分流和集中处理原则规划、建设和管理的，原特区内已基本建成较完善的雨水、污水两套排水系统。但由于历史原因，流域内城中村及老旧建成区等区域仍存在合流、混流情况。造成深圳河流域管网属于截流式不完全分流制排水系统，其中，建成区合流区域约$11km^2$，占建成区总面积的4.9%。截污导致大量山水、雨水等进入污水处理厂，挤占了污水的管网空间，造成污染物雨季溢流入河。同时，导致排水系统质效非常低，污水处理厂进厂污水浓度低，雨天排口大量污水外溢。

3）设施处理能力不足

2014年深圳河湾流域范围城市居民用水量已达2.92亿m^3，占全市的42.0%，但污水处理仅共有6座污水处理厂，总处理能力仅193.6万m^3/d，分布非常不均匀。尤其是布吉片区污水处理能力仅20万m^3/d，沙湾片区污水处理能力仅5万m^3/d；且涉及跨区域长距离调水，如福田区污水需通过排海系统调配至南山污水处理厂，具体见表2.3。现有的污水处理设施处理能力已经不能满足城市水环境治理需要。

深圳湾流域（原特区内）污水处理厂设计规模及实际日均处理量情况表　　表2.3

序号	名称	设计规模（万m^3/d）	排放标准	服务面积（km^2）	2014年实际日均污水处理量（万m^3/d）	投产年份
1	南山污水处理厂	73.6	优于一级A	86.4	65.9	一期1997年 二期2006年
2	福田污水处理厂	40	一级A	62.4	34.8	2016年
3	滨河污水处理厂	30	地表水准Ⅳ类	24.7	30.3	一期1984年 二期1987年 改造2009年
4	罗芳污水处理厂	40	地表水准Ⅳ类	23.3	31.5	一期1998年 二期2001年 2018年扩建改造提标

续表

序号	名称	设计规模（万 m³/d）	排放标准	服务面积（km²）	2014 年实际日均污水处理量（万 m³/d）	投产年份
5	蛇口污水处理厂	5	一级 A	12.4	3.1	1999 年
6	西丽再生水厂	5	一级 A	14.5	3.2	2009 年
	合计	193.6		223.7	168.9	

4）现行标准与实际考核需求匹配度不足

现行标准与实际考核需求匹配度不足主要体现在两个方面：一是早期建设的污水处理厂出水标准偏低。深圳河流域污水处理厂中一级 B 出水标准的规模占比高达 50%，其中罗芳污水处理厂设计规模高达 35 万 m³/d，但执行的仍然是二级出水标准。各污水处理厂尾水对流域水体虽无大的负面影响，但其正面贡献仍很有限。且从远期来看，对深圳河流域水质进一步提升仍有较大的负面影响，亟需进一步提升出水标准。二是考核标准尚未统一。深圳河湾属于入海河流和入湾排放口地表水与海水混合区域，入湾地表水执行《地表水环境质量标准》GB 3838—2002，海湾水体执行《海水水质标准》GB 3097—1997。上述两项水质标准存在水质分类不衔接、水质指标设置不衔接、指标分析方法不同等显著差异，在近岸海域适用性较差。如河道地表水水质对总氮指标不作要求，但海水对无机氮等指标要求高；如入湾河流满足《地表水环境质量标准》GB 3838—2002 的要求，但近岸海域水质按《海水水质标准》GB 3097—1997 评价可能为超标。

3. 流域系统化治理需求与多元化管理主体的矛盾

水务市场化进程中形成了碎片化的多元管理主体，"多龙治水"将功能上密不可分的水环境治理设施进行分割，以点为基础的环境治理项目无法产生长期稳定的整体流域治理效果。深圳河流域跨越罗湖、福田、龙岗三个行政区域，管理主体涉及市生态环境局、市水务局两个主管部门，龙岗、罗湖、福田三个行政区流域内污水处理厂、泵站、排水管网、污泥、调蓄池等治水治污设施由 4 家（原 9 家）运营单位共同运营。治水治污设施的多头管理导致各单位权责不清、管理体制不畅、区域协同工作难度大，难以形成全流域污水"一张网"管理体系，无法实现设施效能最大化，影响治水效果。

深圳市排水行业主管部门为深圳市排水管理处，是市水务局直属行政单位，负责制定全市排水监督管理方面的政策、标准及有关规范，负责全市污水处理费的征收管理工作，制定运营服务费的支付标准，负责全市污水处理的特许经营授权，指导、协调、监督各区排水管理工作。各区排水主管部门负责排水管网日常运营质量的监管。按照属地管辖原则，对本行政区市政排水管网（含泵站）运营管理情况进行监管和检查，并负责对本行政区内自建排水设施管理情况进行监督和指导。2003年9月，深圳市人民政府授权深圳水务集团对原特区内排水设施进行特许经营。深圳水务集团按照特许经营授权委托书对深圳河湾流域（原特区内）市政排水设施进行建设与运行管理。

2.2 水环境状况

2.2.1 水质存在问题

1. 断面水质

根据2015年相关调查资料，深圳河湾流域共有黑臭水体22条河段，总长度77.57km，其中重度黑臭12条，轻度黑臭10条，深圳河河口国考断面水质仍未达到地表水Ⅴ类水标准，深圳湾水质为海水劣Ⅳ类。从具体量化指标来看，深圳河水环境中COD、氨氮和总磷负荷分别为59.79m^3/d、12.42m^3/d和1.09m^3/d，与不黑不臭的容量标准相比，COD和氨氮超标，分别超出161%和216%；与Ⅴ类水容量标准相比，COD、氨氮和总磷均大幅超标，分别超出161%、557%和276%（表2.4）。

深圳河流域水环境容量超负荷情况表　　　　表2.4

深圳河水环境容量		COD	氨氮	总磷
2015年现状负荷（m^3/d）		59.79	12.42	1.09
不黑不臭	容量（m^3/d）	22.88	3.93	—
	超标情况（%）	161	216	—
Ⅴ类水	容量（m^3/d）	22.88	1.89	0.29
	超标情况（%）	161	557	276

2. 内源污染

内源污染是指进入水体中的营养物质通过各种物理、化学和生物作用，逐渐沉降至水体底质表层，当累积到一定量后再向水体释放的现象。由于流域山区型、雨源型、感潮型特点，大量雨水和部分生活污水进入流域水体加剧水污染的同时，长期淤积形成黑臭底泥，底泥中的有机物会在厌氧条件下不断释放污染物，造成水质恶化的恶性循环（图2.1）。

流域内暗涵段内源污染更加严重，暗涵段由于长期污水直排，污染物沉积，且由于通风、运维安全等原因，缺乏有效的清疏手段，多数长达数十年未进行清疏。其中凤塘河淤积厚度为0.3～1.1m，新洲河淤积厚度为0.03～0.6m，皇岗河淤积厚度为0.35～2.1m，福田河淤积厚度为0.1～0.4m，笔架山河淤积厚度为0.1～0.2m（图2.2）。

图2.1 流域底泥污染

图2.2 流域暗涵及淤泥污染严重

从抽样结果来看，目前深圳河口−30～−20cm表层底泥的氨氮、总磷、总氮浓度分别为174mg/L、2680mg/L、2760mg/L（表2.5），按底泥氮、磷营养盐污染风险指数法评价,属于重度污染。底泥氨氮、总磷的释放对深圳河湾水质的影响不容忽视。

深圳河-30~-20cm底泥污染物浓度统计表　　　　表 2.5

指标	年份	罗湖桥	上步码头	深圳河口
氨氮浓度 (mg/kg)	2017 年	320	424	37.6
	2021 年	1830	158	174
总磷浓度 (评价标准值: 600mg/kg)	2017 年	2858	2030	801
	2021 年	3180	3000	2680
	污染评价	重度污染	重度污染	重度污染
总氮浓度 (评价标准值: 550mg/kg)	2017 年	1974	3568	1580
	2021 年	3180	1310	2760
	污染评价	重度污染	重度污染	重度污染

2.2.2　污染来源分析

根据北京大学研究,深圳河湾的污染物来源见表 2.6。按照空间维度,流域的污染物来源可分为深圳河湾排污口、支流漏排污水、污水处理厂尾水、污水处理厂补水、底泥、面源、溢流和香港侧污染 8 类来源。

深圳河湾污染物来源分析　　　　表 2.6

污染源类型	特征	旱季	雨季	数据来源/估算方法
深圳河湾排污口	直排深圳河湾	√	√	实测
支流漏排污水	已扣除补水尾水中的负荷	√	√	实测+估算对比
污水处理厂尾水	未考虑南山和蛇口污水处理厂	√	√	实测
污水处理厂补水	—	√	√	实测
底泥	只计算深圳河的底泥	√	√	经验估算+EFDC 模型反算
面源	—		√	SWMM 模型
溢流	只计算深圳河的底泥		√	估算+SWMM 模型
香港侧污染	2013 年的研究成果	√	√	估算

在此基础上,对流域内污染物水量来源进行系统分析,得出来源及归趋示意图

（图 2.3）。由图 2.3 可知，2015 年全年污水产生量为 5.84 亿 m³，管网收集到 4.31 亿 m³，收集率为 74%；全年有 1.53 亿 m³ 污水通过混流管网或干流（直接）漏排进入河道，其中污水截排系统截走 0.36 亿 m³，是全年污水量的 6%，是混流漏排的 24%。雨季时从截排系统中溢流的纯污水为 0.06 亿 m³，而通过截排系统进入污水处理厂的污水为 0.3 亿 m³。

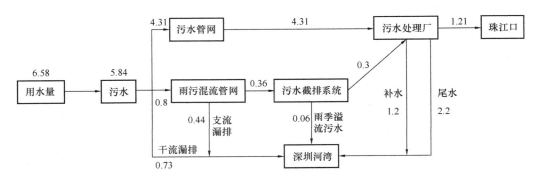

图 2.3　流域内污染物水量来源及归趋示意图（亿 m³）

进一步对全流域的 COD 来源及归趋进行分析，结果如图 2.4 所示。全年流域内产出的 COD 总量为 140160m³，进入深圳河湾流域的 COD 总量为 42151m³，主要来自雨水径流、底泥释放、香港侧污染、污水处理厂出水、雨季溢流污水、干流及支流漏排等 8 类来源，其中漏排负荷占比为 44%，面源占比 20%，香港侧污染占比 12%。此外，进入污水处理厂的 COD 负荷为 127432m³，主要来自污水截排和污水管网，经由污水处理厂处理后 COD 负荷的全年去除率为 94%。

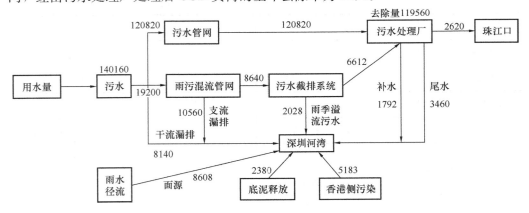

图 2.4　流域内污染物 COD 来源及归趋示意图（m³）

如图 2.5 所示，全年进入深圳河湾流域的氨氮总量为 6528m³，其中漏排负荷占比为 55%，底泥占比 23%，香港侧污染占比 11%；进入污水处理厂的氨氮负荷为 25524m³，全年去除率为 97%。

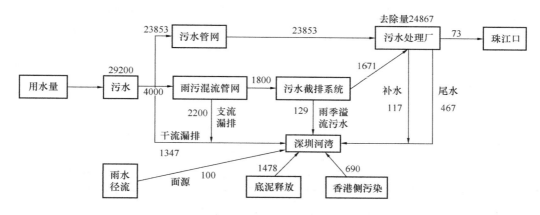

图 2.5　流域内污染物氨氮来源及归趋示意图（m³）

深圳河湾流域在不同的天气条件下，8 类污染来源的占比也会发生不同程度的变化，下面从旱季、雨季、暴雨三种不同状态下的污染来源进行对比分析：

1. 旱季

深圳河湾旱季 COD 总量为 88.07m³/d，氨氮总量为 17.35m³/d，总磷总量为 1.72m³/d。对于 COD，支流漏排污水占比 35%，排污口占比 25%；对于氨氮，支流漏排污水占比 35%，深圳河底泥占比 23%，排污口占比 21%；对于总磷，支流漏排污水占比 31%，香港侧污染占比 24%（图 2.6）。

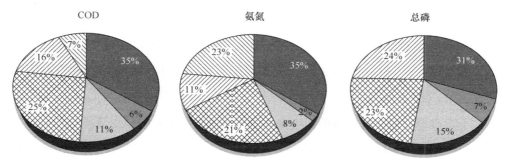

图 2.6　深圳河湾旱季污染负荷占比

2. 雨季

深圳河湾雨季污染相对于旱季多了面源和溢流负荷，雨季是指从 4 月到 9 月份，计算时考虑的是整个雨季的平均日负荷。深圳河湾雨季 COD 总量为 117.55m³/d，氨氮总量为 18.23m³/d，总磷总量为 1.82m³/d。对于 COD，支流漏排污水占比 26%，排污口占比 19%，面源占比 16%；对于氨氮，支流漏排污水占比 34%，深圳河底泥占比 22%，排污口占比 20%；对于总磷，支流漏排污水占比 29%，香港侧污染占比 23%（图 2.7）。

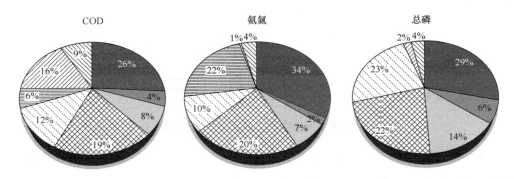

图 2.7　深圳河湾雨季污染负荷占比

3. 暴雨

深圳河湾暴雨天的污染相对于雨季不同的是面源和溢流的计算方式不同，将降雨大于 7mm 的天设定为暴雨天，根据多年统计数据，全年约 56d，而暴雨天负荷的面源和溢流只考虑这 56d 的负荷。所以，暴雨天深圳河湾的 COD 总量为 236.87m³/d，氨氮为总量 20.78m³/d；总磷总量为 2.17m³/d。对于 COD，面源占比 49%，溢流占比 14%，支流漏排污水占比 13%；对于氨氮，支流漏排污水占比 29%，底泥占比 20%，排污口占比 18%；对于总磷，支流漏排污水占比 24%，排污口和香港侧污染皆占比 19%（图 2.8）。

综上，旱季深圳河湾流域的污染来源主要是漏排污水，包括支流漏排和直排干流的排污口，底泥的影响也不容忽视，尤其对氨氮的贡献超过 20%；雨季面源和溢流对 COD 贡献较大。因此，深圳河湾水污染治理，首先要通过截污系统完善和雨污分流改造等方式控制漏排污水；其次要适当控制底泥污染释放；针对雨季的污染问题，有必要通过雨污分流改造进行改善。

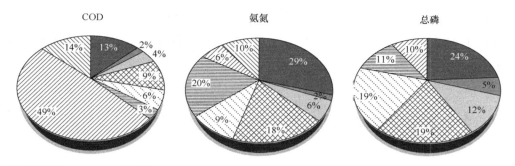

图 2.8 深圳河湾暴雨污染负荷占比

2.3 治理目标

2015 年 12 月，广东省发布的《广东省水污染防治行动计划实施方案》（广东省"水十条"）明确要求，深圳河口水质浓度需达到Ⅴ类水标准。为实现"一年初见成效、三年消除黑臭、五年基本达标、八年让碧水和蓝天共同成为深圳靓丽的城市名片"的工作目标，深圳市将 2016 年确定为水污染提质攻坚战元年，开启了治水之路。经过 2017 年的城市质量提升年、2018 年的"大会战、大建设之年"、2019 年的水污染治理决战年，一直到 2020 年巩固管理成效提升年，整个"十三五"期间，深圳市累计完成治水提质项目 1916 项，总投资 1423 亿元。2019 年，深圳市已基本实现全面消除黑臭的目标，并进一步提高要求，明确 2020 年年底：全面消灭劣Ⅴ类水体，五大河流 74 条一级支流、42 条入海支流达到Ⅴ类水标准，26 条入库支流达到Ⅳ类水标准；五大河流考核断面稳定达到地表水Ⅴ类水标准，深汕特别合作区赤石河小漠桥断面达到Ⅱ类水标准；建成覆盖全市域的雨污分流管网系统；开工建设 240km 碧道，完成 120km，打造一批水清岸美的碧道典范目标，深圳市水污染治理已开始向"亲水、用水、乐水"方向转变。

2016 年 10 月，广东省人民政府与深圳市人民政府签订了《深圳市水污染防治目标责任书》，进一步明确要求深圳河河口水质应在 2018 年达到地表水Ⅴ类要求，主要指标包括 COD 浓度不高于 40mg/L、氨氮浓度不高于 2mg/L、总磷浓度不高于 0.4mg/L、DO 浓度不低于 2mg/L。基于深圳河较为复杂的水情特征，按照传统的河流治理措施即"以河治河"效果有限。截至 2018 年 6 月，深圳河河口氨氮浓度已从 9.3mg/L 降至 3.1mg/L，降约 66.7％，但距离氨氮不高于 2.0mg/L 的要求仍有差距。

2.4 全要素治理策略

2.4.1 全要素治理理念

"厂网河湖"一体化全要素治理正是着眼于解决城镇水安全、水环境、水生态、水资源方面突出的水系统问题，坚持系统性思维，立足于遵循城镇排水系统"上下游、左右岸、干支流"的内在系统特性，以城镇内涝防治、水环境质量等目标为导向，梳理整合各类排水资源，创新改革现有排水规划、建设、运营体系，在全流域、全系统或全区域确立一个一体化专业运营主体，构建以城镇水安全、水环境、水资源统筹保障为中心的"厂网河湖"一体化体制机制，形成责、权、利统一的排水规划、建设、运营新体系，融合"厂网河湖"运营管理界面，捋顺管理链条，对组成城镇排水系统的排水管网/再生水管网、污水处理厂/再生水厂、城镇河湖/受纳水体进行统筹规划建设，并通过对源头、过程、末端界面工艺要素的监测与管控，实现协同调度运行，保证城镇排水系统安全、高效运行，实现全流域、全系统或全区域排水设施整体综合效能最大化，提高排水系统统筹保障能力和服务水平，提高水安全保障度，提升水环境质量[15]。

2.4.2 全要素治理技术路线

通过梳理构建厂网河湖一体化全要素调度系统，将流域水环境总体目标分解至各要素，明确各要素运行工况要求，如果发现某要素不满足管理目标，则可以通过工程建设、管理提标等方式尽快补齐短板；如满足管理要求，则进一步分析设施运营是否满足河道水质达标的目标，否则，重新差异性调整设施运营管理目标，形成全流域一体化调度方案。

就深圳河湾流域现状排水系统及水环境治理情况而言，水环境综合治理方案以"优化排水系统"和"提升环境容量"为目的，以五个"要素"为抓手，提出相对应的措施，并针对主要河道提出系统性治理方案和技术路线（图2.9）。

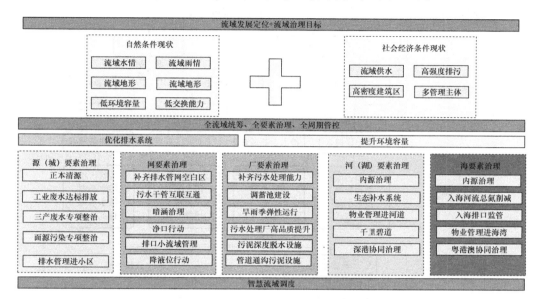

图2.9　深圳河湾源厂网河一体化全要素综合治理技术路线

2.4.3　关键举措

1. 优化排水系统

1）源要素治理

针对源头混流情况，开展源头"正本清源"，即通过对建筑小区源头排水管网实施混错接改造、管道清淤、管网破损修复等工程，实现建筑小区范围内雨污分流的工作。正本清源改造分居住小区、公共建筑、城中村和工业仓储开展。正本清源方案制定的技术路线包括前期调查、系统梳理、分类调研、必要性论证、方案论证及设计、效果分析六大部分。方案制定后，在实施过程中结合了海绵化改造、小区环境提升、城中村综合治理等工作一体化推进，具体技术路线如图2.10所示。

2）网要素治理

针对管网系统与管理紊乱形成的"乱流制"，导致"清水进网，污水入河"，因此，管网提质增效的总体思路是通过排查管网系统问题，打通雨水、污水两套系统，实现"污水进网，清水入河"，根据不同管网系统问题采取不同对策进行修复。同时针对排水管网系统存在的问题，提出挤外水、除缺陷等针对性解决措施，进行管网系

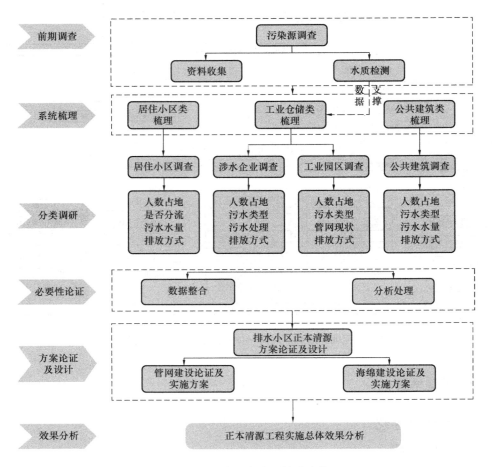

图 2.10　源头正本清源技术路线图

统提质增效,实现"污水进网,清水入河"的总体目标,具体技术路线如图 2.11 所示。

针对管网混流情况,一方面,以"挤外水"为主要目标,以截流井倒灌、雨污混错接、管道缺陷、部分雨污分流为重点整治对象开展"清污分流";另一方面,开展管网完善、雨污分流改造、溢流污染控制等,按照"大分流、小截污"管网体制构建思路,以"查、治、管"为抓手,废除点截污、高位溢流点,实现清污分流、雨污分离,释放生态基流直接入河。

3)厂要素治理

污水处理厂是污染物处理的终端,提升污水处理厂的处理能力和出水标准是减少入河污染物的重要途径之一。基于深圳河流域现状排水设施运行状况,按照适度超

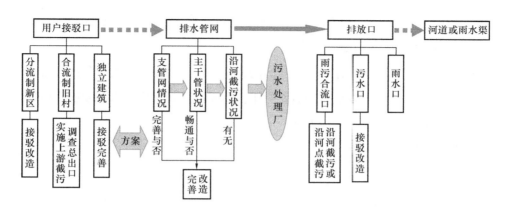

图 2.11 管网提质增效技术路线图

前、提升水质、应急调配的总体原则,分别从"处理能力、出水水质、智能调度"三大方面研究高密度建成区污水处理厂潜能开发和智能调度关键技术,构建深圳河水污染高效治理体系。

(1)处理能力。通过实际分析,污水处理厂进水水量、水质具有明显的季节特征,根据污水处理流程中预处理系统、生化系统、二沉池、深度处理系统等各工艺段的不同特征及要求,深度挖掘、科学分析,制定相应的措施。

(2)出水水质。从加药系统、曝气系统、滤池运行参数优化的各个角度,强化生化系统污染物去除效果,改善尾水出水水质。

(3)智能调度。为提升系统应急处理能力,对厂内进水智能控制系统、精确曝气系统、高效沉淀池、流域全要素调度系统等方面进行完善。

2. 提升环境容量

1)加强沿线截污工程

由于深圳河流域管网属于截流式不完全分流制排水系统,在源头混流或合流制管道中仍存在大量的截污设施未完全退出,导致大量山水、雨水容易通过截污设施进入污水管网,挤占了污水的管网空间,造成污染物雨季溢流入河。通过河道分段治理思路,以河口断面水质为总体目标,细化沿程河流断面水质监控,倒推细化沿线截污管网关键点液位控制目标,制定针对性工程管理举措。

2)加强沿河设施高效运行

由于深圳河流域为雨源型河流,环境容量低,河流干流断面水质受沿线污水处理厂影响很大。因此要根据断面水质目标,结合深圳河流域各污水处理厂、管线设施状况，制定"一厂一策"，开展管网关键点液位一点一策管控，保障设施高效运行。

3）加强跨支流联合调度

由于深圳河流域各支流存在跨行政区的特点，因此，要细化明确各区河流、厂站运行目标，并每日监测、复盘研判后，对于依然无法达到水质要求的断面，做进一步分析，制定跨区域支流水质管控方式。

3. 变革管理模式

1）组织管理保障

为发挥"厂网河湖"全要素治理模式，依照"强区放权"改革要求，进一步优化供水排水资源配置，按照"一区一水司"的原则，分别成立区域分公司，迅速精准对接各区政府。在对流域涉水事务一体化统筹的前提下，增强企业与政府部门的横向连接，提高流域各主体之间的关联密度，确保"厂网河湖"全要素治河模式的有效推行。

打破行政区域治水界线，把治水治污设施放在深圳河流域水系协同治理的大格局中系统谋划，推动建立高效协同的流域统筹工作机制，促进上下游、左右岸、干支流、陆上水上同步管治。在组织架构方面，在市级层面，由市委市政府主要领导亲自挂帅，成立市水污染治理指挥部，对全市治水工作进行统筹指导；在职能部门层面，在深圳河流域成立以深圳水务集团主要领导为组长，环保、水务、城管等部门分管领导组成的督办协调组，发挥属地企业"总工＋总监＋总包"的作用，对流域涉水事务统筹协调、统一调度，有效破解全流域治理中职责不清、调度不畅、扯皮推诿等难题；在基层管理层面，根据"一区一水司"的原则成立区域分公司，迅速精准对接各区政府，有效落实政府提出的各项要求和目标任务，通过"水务管家"式服务全面提升各区供水排水保障能力，形成全过程督导的多层级、立体式治水工作机制，实现行业监管与属地包干的良性互动。

2）一体化调度

以"污水全收集，收集全处理，处理全达标"为目标，结合流域厂网河湖各要素的实际运行工况，针对深圳河湾流域治理存在的问题，依托数字化调度构建涵盖源头管控数字化、全域健康数字化、拓扑关系梳理、阈值管控、诊断分析的全要素综合调度系统，从点、线、面多角度入手，制定具体调度方案，可以有效实现厂网河湖流域一体化调度。

第 3 章 管网提质增效策略及成效

3.1 必要性和重要性

城镇污水管网承担着污水收集和转输的重要作用,然而近年来城镇污水处理设施及管网的运行情况表明,城镇污水管网应有的功能不能充分发挥,已经成为当前流域治理过程提升亟需补齐的短板和城市水环境治理工作的瓶颈。

当前,国内城镇排水系统大多为雨污分流制,但城区部分地区排水系统受各种因素的影响,仍存在局部合流、混错接、结构性缺陷等问题,导致污水管网中污水浓度不高,而河道中又有大量污水入河的现象。污水管网污染物浓度偏低,会影响以活性污泥法为主体工艺的污水处理厂的运行效率,而雨水系统中大量污水入河,又导致河道水环境受到污染,因此排水管网提质增效工作尤为重要。

资料显示我国有 2052 座城镇污水处理厂进水平均 COD 浓度低于 150mg/L(截至 2019 年 12 月),与设计进水水质相差甚远,深圳河流域污水处理厂也存在这样的问题。污水处理厂进水浓度下降,污染物削减效率降低,意味着污水不能完全收入排水管网被集中处理,而是通过其他途径冒溢至水环境中。因此,提升城市水环境的核心在于城市要有完善、有功效和健康的排水管网,推进管网系统提质增效。

3.2 总体方案及策略

3.2.1 问题分析

针对深圳河流域的实际情况,首先对深圳河流域治理前排水管网的收集和转输能力进行调研分析,发现排水管网的完善度、功效性和健康度均存在不足,主要问题如下：

1. 管网高水位运行

管网系统的排水体制混乱、混错接、渗漏等问题导致外部的河水、地下水、雨水、其他外水等通过各类排口大量进入管网系统，造成污水管网高水位运行工况，挤占了原有的污水输送空间。管网系统的污水转输功效未能充分发挥，造成了"清水入网，污水入河"的状态，不仅降低了污水处理厂进厂浓度，且未能进入管网的污水也通过各种途径进入河道，降低河道水环境质量[16]。

2. 截流系统溢流严重

对于合流制与分流制并存的区域，在雨季较长的地区，溢流频次增加，严重影响河水水质。

3. 截流量难以控制，截流系统超负荷运行

截流管通常是按照旱季污水量和截流倍数考虑设计，当雨季时，截流管内水位快速上升，处于压力流状态，使截流管内的流量和流速显著增大。沿线众多的截流井使大量混合污水进入污水截流管，导致截流系统超负荷运行。

4. 河水倒灌

部分管道排口位置设置在河道边，其管道内底（或溢流堰顶）标高低于河道水位，管道处于淹没出流状态时，会出现河水倒灌至管网的情况。常用的拍门或鸭嘴阀防倒灌措施管理不善时，截流效果不佳，容易漏水。

5. 截流污水浓度偏低

管网非正常运行工况下，河水、湖水、山水、塘水、水库水、地下水等外水混入污水系统，尤其降雨期间，进入污水处理厂的水质浓度远低于设计参数，对污水处理厂的运行造成严重的负面冲击。

6. 污水溢流进入水体造成污染

雨水混接进入污水干管，水量增加造成的内压以及截流干管超负荷运行形成的内压，均容易导致雨量较大时，污水逆向流入被截流管道，最终排入水体。降雨过后，常见到河水水质迅速下降，严重时出现死鱼的现象[17]。

7. 内涝问题

管网长期高水位运行，将减少降雨期间管道排水空间，削弱排水能力，使雨量较大时排水不畅，容易导致内涝问题。

8. 建设及运营管理维护问题

市政和小区实行两级管理系统，管理水平和运维经费参差不齐，管网管养不到位，不同系统之间衔接难度较大；排水管网建设过分依赖于路网建设，当路网建设受到拆迁影响时，排水管网系统容易遭到破坏；管网系统的淤堵、设计管径偏小、逆坡管、断头管等，导致进入管网的污水没有出路或过流能力不足，从而超过设计充满度，出现高水位工况。

9. 管网信息化管理水平不高

目前管网信息化管理水平不高，已建信息化系统排水管网底数不清、信息不全，智能化管理水平尚不能满足当前城市发展的需要。

针对以上多种污水管网系统不能发挥应有功能的问题，深圳河治理初期亟需制定相应的管网提质增效方案和策略，以有效改善城市水环境。

3.2.2 总体原则

管网提质增效的总体思路是通过排查管网系统问题，打通雨水、污水两套系统，实现"污水进网，清水入河"，根据不同管网系统问题采取不同对策进行修复。同时针对排水管网系统存在的问题，提出挤外水、除缺陷等针对性解决措施，进行管网系统提质增效，实现"污水进网，清水入河"的总体目标。一方面，以"挤外水"为主要目标，以截流井倒灌、雨污混错接、管道缺陷、部分雨污分流为重点整治对象开展"清污分流"；另一方面，开展管网完善、源头雨污分流改造、溢流污染控制等，建立长效机制，推进源头治理，进一步改造优化污水收集处理系统，持续推进污水处理提质增效。主要原则包括以下几方面：一是坚持问题和目标对应原则。系统梳理现状管网问题，科学制定技术路线，建立措施与问题对应关系。二是坚持系统和分步原则。充分考虑排污和管网现状的特点，有序安排各类工程进度计划。三是坚持监管和长效双管齐下原则。注重源头管控，强化全过程监管，建立工程效果评估体系。四是坚持生态与经济有机结合原则。以生态环境改善为核心，实现经济、社会效益统一，提高全民参与度。

3.2.3 关键策略

管网提质增效按照时间的维度，可以分为管网排查、管网完善、排口治理、排挤

外水、运维管养等环节,每个环节的关键策略如下:

1. 管网排查

1)定期组织对排水管网系统进行全面排查,摸清污水收集处理系统、市政雨水系统、地块排水系统等设施的功能状况。

2)完善污水直排口、管网混错接、缺陷点、用户接入信息等资料。

3)重点查找旱天生活污水直排、雨天合流制溢流污染、污水处理厂进水浓度偏低、生活污水管网空白区等问题的源头,突出对沿河排口、暗涵内排口、沿河截流干管等进行排查。

4)加强雨水、江河湖库、山水、地下水等外水入侵市政管网摸查工作,通过管网排查、拍(闸)门检查、水质水量分析、水位控制等方法,加强溯源,摸清外水入侵规律及途径。

2. 管网完善

针对大部分城市排水体制为分流制、合流制及混流制并存的现状,结合国内外常见管网建设及改造措施进行分析,对管网空白区及雨污分流等提出以下建设改造思路:

1)推进污水管网建设,完善污水系统。尽快实现市政道路污水管网全覆盖,消除污水收集空白区,补齐污水管网等基础设施短板,努力实现污水管网全覆盖、全收集、全处理。

2)开展源头雨污分流工作,提高雨污分流比例。同步源头雨污分流工作,大力推进工厂、住宅小区、公共建筑及新村的雨污分流工作,满足雨污分流条件的区域应分尽分,通过源头雨污分流工作,逐步提高雨污分流排水区域的比例,降低雨污合流排水区域的比例。

3)改造防倒灌设施,减少地表水倒灌。拍门或鸭嘴阀等设施可以依靠水流及自重实现自动启闭,较闸门等防倒灌设施管理更方便,但是容易挂扯垃圾。在有条件的地区,可将拍门、鸭嘴阀等防倒灌设施改造为闸门或下开式堰门等防倒灌效果较好的防倒灌设施。降低地表水倒灌风险,减少进入污水系统的外水,减少污水量,降低污水管网运行水位。

3. 排口治理

排污口治理必须与有效解决雨污混接、排水管道及检查井各类缺陷的修复以及设施维护管理等统筹进行。排污口整治措施与排污口的大小、排污口溯源、上游管网情况、建设条件等相关,根据排污口前期资料的梳理,对不同的排污口采取不同的措施,排污口分类特征及整治措施见表3.1。

排污口分类特征及整治措施表　　　　　　　　　　表 3.1

序号	排污口类型	排污口特征	整治措施
1	市政合流排污口	溯源资料完备,上游建有污水管道,条件较好	排污口上游完全雨污分流
2	市政合流排污口	溯源资料完备,上游建有污水管道,条件较差	排污口上游支管截流末端截流
3	市政合流排污口	溯源资料不完整,上游无污水管道,建设条件差	自行改造,接入现状污水井或新建污水接驳井
4	直排口	工厂、企业、小区、公共建筑直排口	河道挂管或埋管
5	直排口	沿岸民房直排口,无条件进行雨污分流改造	雨污分流或错漏接改造
6	直排口	沿岸民房直排口,有条件进行雨污分流改造	末端截流至分散处理站
7	直排口	城中村内村屋直排口,无雨污分流建设条件	近期临时末端截流,远期应对上游进行清污分流
8	暗涵、排渠口	暗涵流量较大、上游无错漏接	排污口上游完全雨污分流

4. 排挤外水

"进水浓度低,根源在管网"。污水处理厂进水浓度之所以低于设计值,绝大部分原因在于管网出现了问题,导致河水、地下水、河湖山塘库水等外水混入污水系统。因此,目前提高污水处理厂 BOD_5 浓度的关键点在于"挤外水",即对问题管网进行整改,目的在于通过改造完善修复等工程措施,把原有管网系统中的总口截流、截流井、直排口、错混接点、缺陷点等外水"通道"堵住。针对山塘湖库水、雨水进入等问题,开展合流渠箱清污分流、管网混错接整改工程;针对河水倒灌,开展截流井及管网混错接改造、沿涌管网及检查井修复;针对地下水等入渗问题,开展管网缺陷点修复[18]。

5. 运维管养

从源头排水户管理到中间及终端管网巡查清疏抢修管理，从设施管理到运维成效保障，进行全链条的运维管养。

管网存在的功能性缺陷和结构性缺陷，会影响管道的收水和输水功能，导致污水管网高水位运行。为此，应加强工程质量管理，避免新建排水管道带病上岗，同时还应加大排水管道养护投入，组建专业养护队伍，落实养护资金，加强排水系统维护管养工作，提高养护水平，消除管道功能性缺陷和结构性缺陷，恢复管道收水和输水功能，消除因管道功能性缺陷和结构性缺陷造成的区域性管网高水位运行现象。

3.3 工程建设关键技术及举措

总体方案和策略是管网提质增效的"指南针"，工程建设是管网提质增效的"顶梁柱"。通过工程建设的实施才能从实际上解决管网问题。深圳河流域以规划为依据、以满足城市发展需求为目标，按照总体策略逐步推进设施建设，从排查、改造、建设、运维实现全链条管理，综合提升管网效能。

3.3.1 管网排查

1. 管网系统排查

存量管网排查是推进系统提质增效的基础工作。2003年6月，深圳市政府发布了《关于深圳特区内排水管网现状调查工作方案》，开展了首轮存量管网摸排调查，包括详细排查和重点排查。

1）详细排查

详细排查指通过从下游向上游详细查找的方式对原特区内排水户、管网进行全面调查，查明排水户的位置、类别，查清各类污水的分布、走向、水量和水质，查明市政道路和住宅、工业（开发）区内部存在问题的排水管网的具体路段、性质，建立排水和污染源档案。

2）重点排查

重点排查指对重要污染源（如酒楼、餐厅、酒吧、卫生和美容服务场所、洗衣厂、加油站、洗车场、修车场等供水管径超过50mm的可能产生较大污染的用户），通过供水查排水或专项调查等形式，进行调查，掌握情况。

2. 污染溯源专项调查

以流域内1135个排水口小流域为单元，以排水口为起点，以排水户排水立管天面端为终点，从下往上溯源，对市政排水管网及排水户内部管网混接情况进行普查，查清进入雨水管渠中的污水来源及其原因。

1）污染来源途径分类

（1）排水户的污水接户管接入市政雨水管道；

（2）排水户的接户管接驳正确，但排水户内部存在雨污混接；

（3）排水户合流管道直接接入市政雨水管道，如城中村、老旧住宅小区等；

（4）市政污水管道接入市政雨水管道；

（5）市政合流管道直接接入市政雨水管道；

（6）初期雨水冲刷路面后形成面源污染进入雨水管道；

（7）雨水泵站试机污水及抽排污水；

（8）污水管道系统中，为了防止水位过高产生污水冒溢等问题，在局部设置了高位溢流管，当污水处理厂处理能力不足或下游管道存在无出路、堵塞、坍塌时，污水系统内部的污水通过高位溢流管进入雨水管道系统；

（9）由于截污设施截污后，混入截流污水的下游污水管道系统运行水位过高，而导致污水通过截污管道反流，最终溢流进雨水管道系统；

（10）路面餐馆、路面清扫、在建工地等产生的废水、泥浆水等通过雨水口或检查井等偷排进入雨水管道系统；其中，工地泥浆水往往通过泥浆车偷排进入偏僻地区的雨水管道。

2）调查方法

不同污染来源途径的调查方法是不同的，调查时原则上应尽可能降低管渠运行水位。深圳水务集团系统排查主要采用人工揭盖调查和管道潜望镜（QV）检查，针对重点节点及关键问题辅以闭路电视（CCTV）、声呐、烟雾及荧光示踪剂检查，以及水质检测对比分析。其中烟雾示踪剂用于小区内排水管网的调查效果较好。

（1）管道潜望镜（QV）：高放大倍数摄像机放入检查井，显示支管接入、水位、管道裂纹、堵塞等内部状况，实现快速检测。

（2）闭路电视（CCTV）：远程图像采集，通过有线传输方式，对管道内状况进行显示和记录的检测方法。

(3) 声呐 (Sonar): 声呐检测是一种利用声波对水下目标进行探测、定位的技术手段, 其原理是水和其他物质对声波的吸收能力不同, 通过计算发射声波与反射波的时间差, 从而形成管道横断面图, 了解管道内壁和沉积情况。

(4) 烟雾发生器: 检测排水管道之间是否正确连接对于城市排水管理而言具有重要意义。烟雾发生器包括烟雾发生装置与鼓风机两部分, 主要用于排水管渠连接检测。

(5) 荧光示踪剂: 荧光示踪剂是一种具有良好水溶性的荧光有机材料, 利用它可确定排水管道之间是否连接。

(6) 人员进入检查: 对于人员进入管内检查的管道, 其管径不得小于800mm, 流速不得大于0.5m/s, 水深不得超过0.5m。人员进入管内检测宜配合使用拍照或摄像的记录方式。

3) 调查要求

(1) 市政排水管道检测

检测重点是存在问题排水口上游的排水管道和检查井, 检测由排水口开始, 由下游至上游, 先干管后支管, 应尽可能涵盖排水口服务范围内所有的排水管道和检查井。主要检测目的是查明管道的拓扑结构、污染物主要来源及管渠的结构性和功能性缺陷。

(2) 排水户接户管核查

排水户接户管核查重点是查清是否存在接户管错接或排水户内部雨污混流等问题。采取方法主要是揭盖检查、管道连接关系内窥检查等, 并做好水位及水质测定工作, 水样送至就近污水处理厂或水质检测站进行水质化验。

(3) 小区内部管网核查

小区溯源至排水立管是对市政管网污染源排查的进一步延伸, 溯源结果是实施小区雨污分流的根本依据。重点检查老旧雨水立管改造成污水立管后, 在天面端是否封死、新建雨水立管是否在天面最低点、排水立管与小区主管接驳是否正确等, 主要通过烟雾发生器、示踪剂等进行管网拓扑关系检查, 查清小区污染来源。

4) 调查报告

调查完成后应形成溯源调查报告, 内容应当包括:

(1) 排水口汇水范围图、管道拓扑结构图（GIS 图）(图 3.1)；

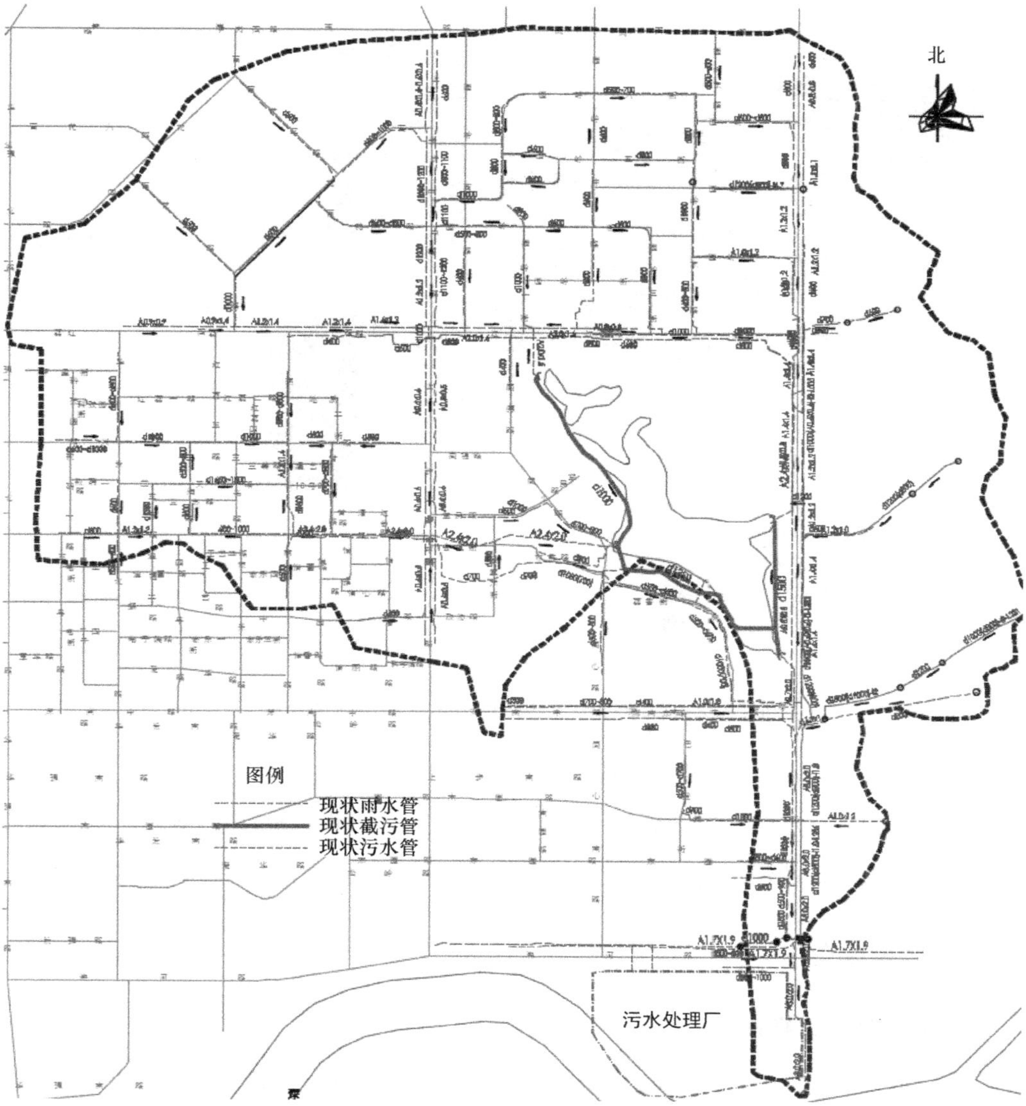

图 3.1 排水口汇水范围图及管道拓扑结构图（GS图）示例

(2) 一级排水户（直接接驳公共排水设施的排水户）类型、污染来源的具体位置分布、污水量及水质测定结果；

(3) 管道检测报告；

(4) 雨污分流状况系统图；在一张图上对合流、混流、分流这三种区域进行划区，形成雨污分流状况系统图（图3.2）；

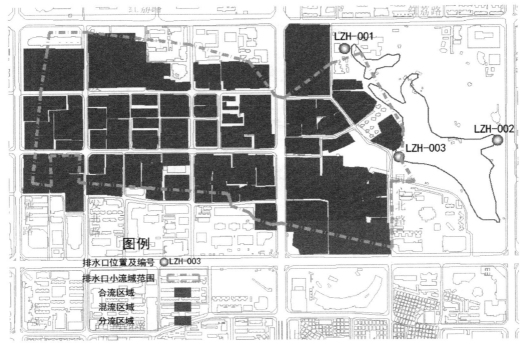

图 3.2　排水口小流域雨污分流状况系统图示例

（5）污水管网水位状况系统图；

（6）对超管顶水位（看不到管头）、接近管顶水位（设计充满度-满管）和正常水位（设计充满度）的污水管道进行分类，形成管网水位状况系统图（图3.3）。

3.3.2　管网改造

1. 管网更新与修复

在排水管网全面梳理排查的基础上，建立管网缺陷台账，制定并落实更新与修复计划，逐一消项。3、4级缺陷按应急抢修模式，发现一处、及时整治一处；2级缺陷在每年年初制定修复计划，每年年底前全部处理；1级缺陷每年复查一遍，如有恶化趋势则按上述原则处理；对于每一管段（两个检查井之间的管道）中缺陷超过3个（含）以上或管径偏小的则安排整体更新改造。

就修复方式而言，分为开挖修复和非开挖修复。对于已产生地面塌陷等不具备条件的采用传统开挖修复。针对原特区内城市建成区，为尽量减少对交通及地下管线的

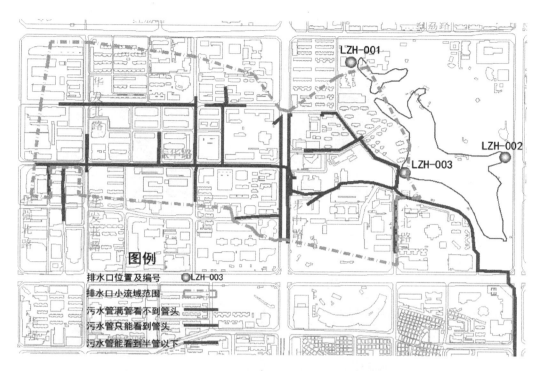

图 3.3　排水口小流域污水管网水位状况系统图示例

影响，排水管网更新改造尽可能采用非开挖方式。非开挖修复技术中 CIPP 工法是使用最广泛的修复工法。常见非开挖修复缺陷整治手段见表 3.2，不同缺陷类型的整治方案如图 3.4 所示。

常用非开挖修复缺陷整治手段表　　　　　　　　　　表 3.2

点状修复手段	整体修复手段
1. 局部树脂固化； 2. 不锈钢发泡桶点状修复； 3. 重力管道的局部注浆； 4. 压力管道的局部补强	1. 传统内衬法； 2. CIPP 软翻或拉入； 3. 螺旋缠绕法； 4. 碎（裂）管法； 5. HDPE 穿插

2. 混接整改与分流改造

1）总体情况摸查

混接整改与分流改造包括市政管道、小区出户管和小区（城中村）内管道等，分

(a) 渗漏-注浆止水、CIPP或螺旋缠绕

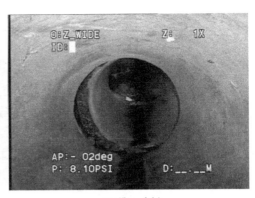
(b) 错口-内衬

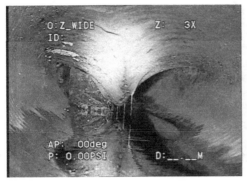
(c) 变形-点开挖、衬钢管、整段CIPP

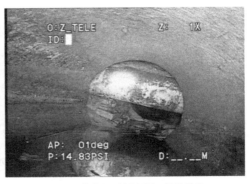
(d) 异物穿入-查清权属、异物移位

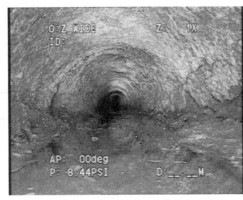
(e) 结垢-高压水冲洗、内衬

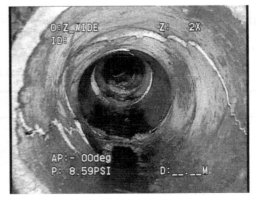
(f) 破裂-CIPP原位固化

图 3.4　不同缺陷类型的整治方案

别由深圳水务集团和各区政府负责建设。

（1）市政管网。深圳水务集团在对市政管网摸底普查的基础上，完善市政管网GIS基础数据，梳理混接与合流管网清单，制定市政管网升级改造计划，逐步完成

市政排水管网混接整改与分流改造,同步推进管网完善工作,解决小区排水出路问题。

(2) 小区出户管。深圳水务集团梳理排查小区出户管与市政管网接驳情况,出户管及配套的市政管网完善工程能随小区排水管网改造的由各区统一投资并组织实施,其余出户管错接整改由深圳水务集团出资建设。

(3) 住宅小区、工商业类、公共小区混接整改与分流改造由各区负责落实资金并组织实施。市水务局协调市属公共机构与部队物业配合各区实施混接整改与分流改造。

(4) 城中村。各区参照《全面推进城中村综合整治实施方案》《深圳市水务局全面推进城中村水务综合整治专项工作方案》《深圳市排水清源行动技术指南》相关要求,制定切实可行的工作方案,加快城中村雨污分流改造实施工作。对于已列入城市更新计划的城中村,其雨污分流改造随更新计划由建设主体一并实施,未列入城市更新计划或5年内未实施的,制定雨污分流改造方案,并组织实施消除雨污混流现象。

2) 市政混接整改及雨污分流改造

(1) 对于市政污水管道接入市政雨水管道的情况,封堵所接入的污水管道,并将污水管改接入污水排水系统。所封堵的污水管道填实处理。

(2) 对于截污管及高位溢流管等市政雨污水系统连通点,充分梳理其上下游关系,已失去功能的封堵废除,仍在运行的采用限流整改措施,例如适当增大截留倍数以及加入精准截流措施等。

(3) 对于市政合流制排水管进行雨污分流改造。

3) 合流制小区雨污分流改造

针对现状合流制小区进行雨污分流改造主要是解决城中村和老旧住宅区雨污混流问题,完善排水系统,对于截断入河污水,提高污水收集率,提升入厂污水浓度,改善水环境,意义重大。主要改造方案如下。

根据不同的建设条件,将已建排水建筑与小区分为两类,不同类别的改造判定依据各有不同,详见表3.3。

各类排水建筑与小区的排水管网改造判定依据　　　　表3.3

排水建筑小区分类	现状排水系统数量	能否进行立管改造		能否新建一套小区排水管道	
		建设条件	界定条件	建设条件	界定条件
Ⅰ类	一套	能	小区建筑不高于14层；建筑外墙有足够的空间可以安装排水立管	能	路面宽度不小于2m，地下空间足够，周边建筑安全情况允许施工
Ⅱ类	一套	否	小区建筑高于14层；建筑外墙无空间安装排水立管；居民主观不同意立管改造	能	路面宽度不小于2m，地下空间足够，周边建筑安全情况允许施工
Ⅲ类	一套	否	小区建筑高于14层；建筑外墙无空间安装排水立管；居民主观不同意立管改造	否	路面宽度小于2m，地下管线复杂，周边建筑安全稳定性较差

注：Ⅰ类（现状合流）：只有一套合流排水系统，有条件新建雨水立管且有条件新建一套小区排水管道的建筑与小区。Ⅱ类（现状合流）：只有一套合流排水系统，无条件新建雨水立管且有条件新建一套小区排水管道的建筑与小区。Ⅲ类（现状合流）：只有一套合流排水系统，无条件新建雨水立管且无条件新建一套小区排水管道的建筑与小区。

根据各类排水建筑与小区或局部区域特点，分别拟定正本清源总体方案。

针对Ⅰ类小区，制定方案一：小区现状合流管（渠）作为污水系统，新建小区雨水系统：若小区现状排污口分散、数量多、类型繁杂或不便于接驳，可将现状合流管（渠）作为污水系统，改造现状合流管（渠）同外围市政排水管网接驳口，接入外围市政污水系统；新建小区雨水系统，接入外围市政雨水系统或排入水体。同时根据实际条件，宜结合海绵建设规划要求，进行海绵设施建设，控制径流污染，详见图3.5。

针对Ⅰ类小区，制定方案二：小区现状合流管（渠）作为雨水系统，新建小区污水系统：若小区排污口较为集中、数量较少且便于接驳，新建小区污水系统，最终接入外围市政污水系统；将现状合流管（渠）作为雨水系统，新建建筑雨水立管接入小区现状合流管（渠），同时改造现状合流管（渠）同外围市政排水管网接驳口，接入外围市政雨水系统或排入水体。同时根据实际条件，宜结合海绵建设规划要求，进行海绵设施建设，控制径流污染，详见图3.6。

针对Ⅱ类小区，制定方案：小区内新建雨水系统接入市政雨水系统，原有建筑合

3.3 工程建设关键技术及举措

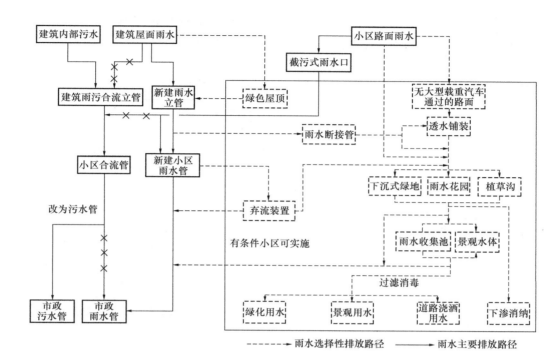

图 3.5 Ⅰ 类排水建筑小区排水管网改造方案示意图（方案一）

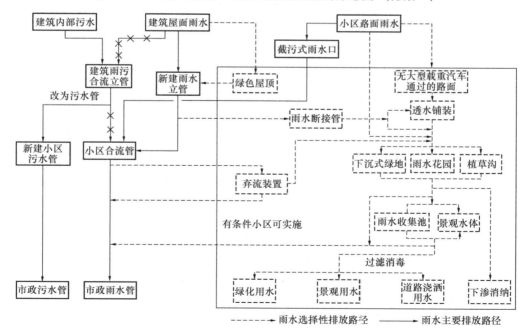

图 3.6 Ⅰ 类排水建筑小区排水管网改造方案示意图（方案二）

流立管末端设溢流设施接入新建小区雨水系统内。同时根据实际条件，宜结合海绵建设规划要求，进行海绵设施建设，控制径流污染，详见图3.7。

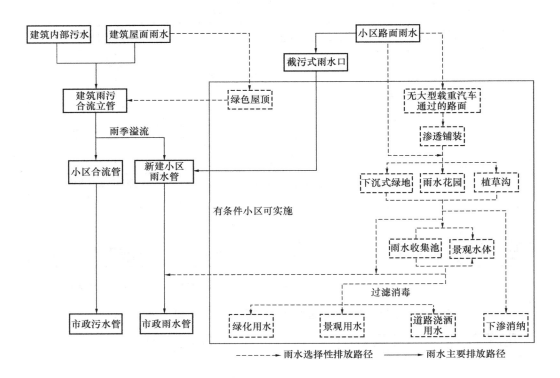

图3.7　Ⅱ类排水建筑小区排水管网改造方案示意图

针对Ⅲ类小区，制定方案一：构建浅层雨水散排系统，现状合流管（渠）作为污水系统。若路面竖向高程满足雨水散排要求或地势较平坦或高程相差不大时，新建建筑雨水立管采用断接方式散排，可采用雨水优先走地表的方式进行外排，利用路面坡度、新建雨水明沟或人工塑造微地形构建雨水地表漫流的浅层排放系统，最终接入市政雨水系统或排入水体。将现状合流管（渠）作为污水系统（现状系统为明沟时需进行密封）。同时根据实际条件，宜结合海绵建设规划要求，在雨水排放系统入水体处建设生态截留净化设施，控制径流污染，详见图3.8。

针对Ⅲ类小区，制定方案二：现状合流管（渠）作为雨水系统，局部污水泵站提升。若路面纵坡不满足雨水散排要求时，可将现状合流管（渠）作为雨水系统，新建建筑雨水立管接入现状合流管渠；若建筑排污口较为集中且便于接驳，且能够解决一体化泵站的用地及配电问题时，可将污水收纳后在排放总口附近设置小型一体化泵

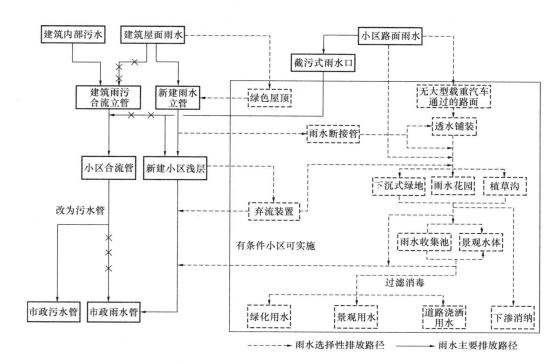

图 3.8 Ⅲ类排水建筑小区排水管网改造方案示意图（方案一）

站，泵站出水压力管采用浅埋或明敷方式最终接入市政污水系统。同时根据实际条件，宜结合海绵建设规划要求，在雨水排放系统入水体处建设生态截留净化设施，控制径流污染，详见图 3.9。

针对Ⅲ类小区，制定方案三：小区局部或总口截流。若路面纵坡不满足雨水散排要求，且无条件设置一体化泵站时，宜进行专项研究，可采用局部区域正本清源实现雨污分流，局部区域进行外围总口截流的方案，该类小区实施改造时应由各区（新区）水务主管部门组织相关单位开展专家论证后方可实施，详见图 3.10。

4）分流制混错接改造

针对最初按照分流制系统建设的小区，根据现状情况及建设条件分成以下两类：

Ⅳ类（现状分流）：有雨污两套排水系统，有条件新建雨水立管的建筑与小区；

Ⅴ类（现状分流）：有雨污两套排水系统，无条件新建雨水立管的建筑与小区。

根据分类排水建筑与小区的特点，分别拟定排水管网改造方案，详见表 3.4：

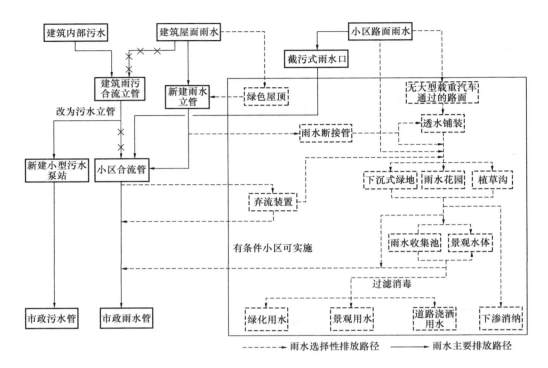

图 3.9　Ⅲ类排水建筑小区排水管网改造方案示意图（方案二）

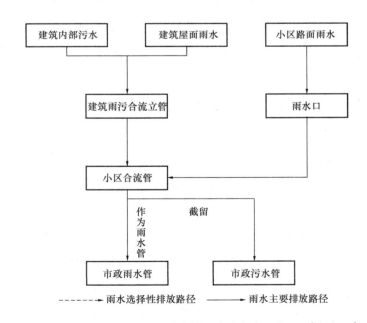

图 3.10　Ⅲ类排水建筑小区排水管网改造方案示意图（方案三）

各类排水建筑与小区的排水管网改造方案　　　　表 3.4

排水建筑小区分类	现状排水系统数量	能否进行立管改造	
		建设条件	界定条件
Ⅳ类	两套	能	小区建筑不高于 14 层，且建筑外墙有足够的空间可以安装排水立管
Ⅴ类	两套	否	小区建筑高于 14 层；建筑外墙无空间安装排水立管；居民主观不同意立管改造

根据分类排水建筑与小区的特点及所属类型，分别拟定排水管网分流制混错接改造方案。

针对Ⅳ类小区，将原有合流立管接入小区现状污水系统，新建建筑雨水立管接入小区现状雨水系统。同时根据实际条件，宜结合海绵建设规划要求，进行海绵设施建设，控制径流污染，详见图 3.11。

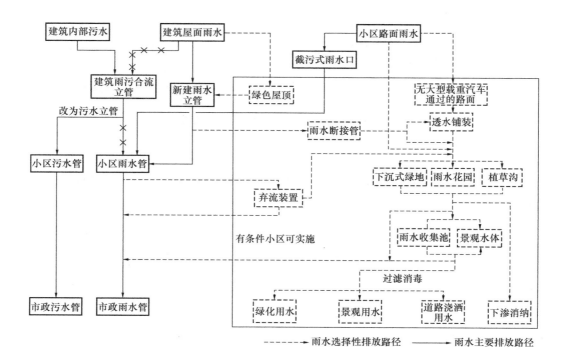

图 3.11　Ⅳ类排水建筑小区排水管网改造方案示意图

针对Ⅴ类小区，原有建筑合流立管接入小区现状污水系统，立管末端设溢流设施接入小区现状雨水系统。同时根据实际条件，宜结合海绵建设规划要求，进行海绵设施建设，控制径流污染，详见图3.12。

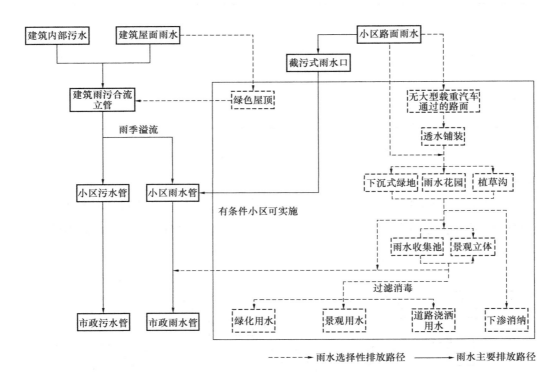

图3.12　Ⅴ类排水建筑小区排水管网改造方案示意图

其他说明：

（1）居住小区类排水建筑与小区，用地类型主要为一类、二类居住用地，正本清源改造主要执行Ⅰ类方案。

（2）旧城改造类、综合整治类排水建筑与小区，用地类型主要为三、四类居住用地，包括成片宿舍区和城中村区域，对于1年内已列入城市更新计划的区域，其雨污分流改造随城市更新一并实施；对于未列入城市更新计划或1年内未实施的区域，按照Ⅲ类方案进行雨污分流改造或者外围截污。

（3）公共建筑类排水建筑与小区，用地类型主要为商业服务业设施用地和公共管理与服务设施用地，清源改造主要执行Ⅰ、Ⅳ、Ⅴ类方案。对于其内的经营性排水户按照相关具体要求执行。

（4）工业仓储类排水建筑与小区，应按"雨污分流、污废分流、废水明管化、雨水明渠化"的原则实施源头雨污分流工程，企业内生活污水和工业废水原则上均应进行分流，工业废水应按照废水中污染物类型分类收集，不同类型的污染物采用不同的废水处理工艺预处理后进行集中处理排入市政排水管网。工业废水处理由企业自行改造，政府监督。其生活区域的清源改造主要执行Ⅰ、Ⅳ、Ⅴ类方案。

（5）除旧城改造类、综合整治类外的其他类型的排水建筑与小区，若需采用Ⅲ类方案三，应确保截流水量不会影响外围市政污水系统正常运行，需组织相关单位及专家召开技术鉴定会，通过后方可实施。

（6）排水建筑与小区正本清源总体方案分类中正本清源改造方案可根据实际情况组合选择。

3.3.3 管网建设

1. 推进污水设施建设

为了有序推进深圳市污水系统的建设，深圳市规划主管部门大致每10年编制一版污水系统布局规划，市水务主管部门每5年编制一版水务发展规划，包括厂站网的建设计划等，并据此将相关项目纳入年度投资计划，有序推进全市及深圳河湾流域（原特区）内污水设施建设。

1）污水系统布局规划

（1）《深圳市污水系统布局规划（2002—2020）》

针对《深圳市城市总体规划（1996—2010）》所确定的以镇为单位的污水系统布局难以适应城市发展的需要，且深圳市河流海湾的生态环境都需要修复和再建，深圳市2005年发布了《深圳市污水系统布局规划（2002—2020）》，确定了"正本清源、截污限排、污水回用、生态补水"的十六字指导方针。

（2）《深圳市排水管网规划（2007—2020）》

配合《深圳市污水系统布局规划（2002—2020）》实现"正本清源"，实现城市排水系统的分流体制，实现城市污水的最大收集率，分流域编制了《深圳市排水管网规划（2007—2020）》，规划坚持流域治理、坚持雨污分流的排水体制，以水体功能目标为导向、遵循循环经济理念、实现治污治水与治河的有机统一为基本原则，推进全市排水管网建设。

(3)《深圳市污水系统布局规划修编（2011—2020）》

对现状污水干管、已设计干管和原《布局规划》规划污水干管进行复核，并考虑截污系统雨水量，在满足污水排放要求、尽量避免大范围调整的基础上，全面提升污水干管网系统的收集水平和通行能力，同时预留弹性，以适应未来不可预知的发展需求。

(4)《深圳市污水系统专项规划修编（2018—2035）》

在粤港澳大湾区建设的背景下，深圳市城市定位、空间结构和发展规模均发生调整，且城市发展快速，部分现状污水设施和干管已满负荷运行，规划修编以"节水优先、空间均衡、系统治理、两手发力"治水思想为引领，促进水环境改善、水资源利用、水安全保障、水文化提升和水生态修复的有机融合，围绕"源头减污、过程控制、末端治污、生态提质"开展污水系统全过程统筹规划。按照"弹性预留、尊重现状、雨污剥离、完善提升"基本原则统筹规划全市污水管网，有力推动了全市污水管网的建设：

① 弹性预留：提升污水干管网系统的收集水平和通行能力，污水管管径应适当留有余地，管径原则上按照规划污水量乘以 1.3 的弹性系数计算确定。

② 尊重现状：充分尊重现状和已设计污水干管，尽可能利用现有管道；充分结合已有规划成果，在充分复核和评估已有规划提出的污水干管网规划方案的基础上进行规划方案的优化。

③ 雨污剥离：对沿河截污管涵与雨污分流的污水系统进行剥离，完善污水干管系统，沿河截污管涵远期作为初期雨水转输或污水应急调配通道。

④ 完善提升：针对污水干管系统存在的主要问题，提出污水干管网系统完善和提升方案。

2）水务发展规划

(1)《深圳市水务发展"十一五"规划（2006—2010）》

该规划完善城市排水管网建设，逐步提高污水处理能力与排放标准。按雨污分流原则，对水污染严重区域逐步实施水污染防治措施。规划 2010 年全市排污总量 17.65 亿 m^3，排水管网覆盖率达到 80%，全市污水集中处理率达到 80% 以上（其中特区内达到 90% 以上，特区外达到 60% 以上），污水处理厂规模达到 475 万 m^3/d。

"十一五"期间，全市新、改、扩建 11 座污水处理厂，新增污水处理厂规模 115

万 m^3/d，污水处理厂总规模达到 267.0 万 m^3/d；全市在建污水处理厂 14 座，总规模达 181.5 万 m^3/d。污水管网建设全面铺开。一方面全力推进污水处理厂配套污水干支管网建设，从源头上收集污水；另一方面结合河道水环境综合治理，实施沿河截污，进一步截留收集漏排污水和初期雨水，改善河道水环境并提高污水收集率。全市共建成污水管道长约 3527.0km。雨污水管网分流制改造和正本清源工作积极推进。盐田区城中村排水管网改造已基本完成，福田、罗湖、南山三区正本清源大力推行，结合正本清源，全市已创建 1577 个排水达标小区。

(2)《深圳市水务发展"十二五"规划（2011—2015）》

该规划以污水管网建设和河流综合治理为重点，推进正本清源工作；构建清污分流、泥水并举、综合治理的水环境治理格局。规划深圳河（湾）流域、盐田片区完成正本清源工程，提高雨污分流比例。

"十二五"期间，以污水收集处理设施建设和河道综合治理为重点，河流水环境质量得到进一步改善。五年新增污水处理能力 213.0 万 m^3/d，相比"十一五"时期末总能力（266.5 万 m^3/d）增长 80%，新建污水管网 1402km、排水达标小区 1294 个，污水处理量、COD 削减量分别由 2010 年年底的 8.4 亿 m^3、24.1 万 m^3 提升到 2015 年的 16.2 亿 m^3、42.1 万 m^3，分别提高 93%、75%。主要河流水质呈好转趋势，重污染河流断面比例持续下降。

(3)《深圳市水务发展"十三五"规划（2016—2020）》

该规划注重提质治水，攻坚截污纳管，以流域为单元，以河流黑臭水体、重点流域、近岸海域等敏感水域为重点，强化源头控制，雨污分流和沿河强化截污并举，水陆统筹、河海兼顾，结合片区排水管网完善、面源污染控制、排污口整治、水质改善新技术应用及严格土地开发建设，加强黑臭水体治理，实施河湖海水系连通，改善河流水生态环境。一方面攻坚片区雨污分流建设。按照"先地下后地上、盘活存量、建好增量"的原则，以及"分片建设，建设一片，见效一片"的思路，以正本清源为基础、雨污分流为目标，严控管材质量标准，实施管网分期分片区建设，同步推进"用户-支管-干管"建设工作，确保建成一段、收集一片污水，基本建成路径完整、接驳顺畅、运转高效的污水收集输送系统。加快推进重点水源保护区及重点发展区域的污水管网建设，新建城区和旧城改造区严格实行雨污分流。完成人口密集区的污水管网建设，实现排水管线连网成片及人口密集区雨污分流改造。推动旧城中心区的雨污分流改造，污水管网与片区开发同步规划、同步建设，从系统上考虑片区上下游排水配套设施的建设与完善。规划全市新开工建设污水管网 4260km。另一方面实施污水处理集散结合提标扩容。强化源头治理，针对偏远、分散区域和污水漏排突出问题，因地制宜建设分散处理设施。完善污水系统布局，全力推进污水处理厂提标改造，适应性调整污水处理工艺。采取综合措施，提高污水处理厂运行负荷。规划全市开展 19 座污水处理厂新、扩、续建工作，2020 年设计污水处理总规模达 683 万 m^3/d 以上。按照一级 A 及以上标准，对现有污水处理厂进行提标改造。

"十三五"期间，深圳建成污水管网 6410km，约为"十二五"期间的 4.5 倍，用 4 年时间补齐 40 年的历史缺口；完成小区、城中村正本清源改造 14074 个，超过"十二五"期间总数 10 倍；新扩建 8 座污水处理厂，提标改造 30 座污水处理厂，建成 43 座分散式污水处理设施；全市新增污水处理能力 278.33 万 m^3/d，基本实现污水全收集、收集全处理、处理全达标；同时，开展暗涵整治和暗涵复明工程，使皇岗河、凤塘河等一批 20 多年恶臭难闻的暗涵从排污通道变为清水通道。全面消除 159 个黑臭水体、1467 个小微黑臭水体，在全国率先实现全市域消除黑臭水体，水环境实现历史性、根本性、整体性好转，打赢水污染防治攻坚战，水环境实现根本性好转。

3）建设计划

2015 年 12 月，深圳市治水提质指挥部印发了《深圳市治水提质工作计划（2015—2020 年）》，此后又先后发布了《深圳市治水提质 2016 年建设计划》《深圳市治水提质 2017 年建设计划》《深圳市治水提质 2018 年度建设计划》《深圳市水污染治理 2019 年度建设计划》等年度计划，实时更新年度建设任务及目标，下达建设投资与项目安排，明确保障措施，有力地保障了"十三五"期间排水管网建设任务的完成。

2. 消除污水管网空白区

为消除原特区内排水管网管理盲区，近年来各区政府将权属不清、无人维护管理的排水管网委托深圳水务集团运维管理，包括"三不管"市政道路排水管网、城中村公共排水管网、成片开发区公共排水管网等，逐步实现了排水管网管理全覆盖。在实现排水管网全覆盖的基础上，深圳水务集团通过系统排查，将在深圳快速发展过程中由于分片开发、规划执行不到位等原因造成的断头、缺失等问题进行梳理，并制定计划,通过实施污水管网完善工程,逐一消除空白区域,实现污水全收集目标。2016~2020年,深圳水务集团投资新建及修复排水管网116km,政府投资建设并移交排水管网229.5km,政府现状移交"三不管"排水管网126km,总计新增运营排水管网471.5km,新增占比12.1%,实现深圳河流域排水管网统一高效运营。

3.4 外水治理

为实现污水全覆盖、全收集、全处理的城镇污水系统提质增效目标,提高污水处理厂进水浓度与污水系统运行效率,需全面开展污水系统"外水减量"工作。通过推进污水系统外水分析、外水调查、外水整改完成外水减量闭环工作,降低外水对污水系统的影响。外水减量技术路线图如图3.13所示,从"上水管下水"水表挂接、排水分区入手分析外水来源;对地下水、海(河)水、山水和雨水展开调查;通过管道修复、防倒灌技术、暗涵整治、精准截污等手段有针对性地实现外水整治。通过外水分析、外水调查及外水整治"三步走"的技术路线,实现外水减量的目的。

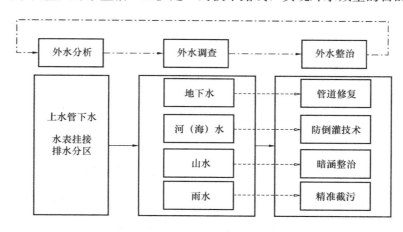

图3.13 外水减量技术路线图

3.4.1 外水量监测与分析

外水来源可以按照污水处理厂收集范围和行政区域两种方式进行划分,进行分区域的监测和分析,以便更好地指导外水减量工作。

一是按照污水处理厂收集范围监测与分析。为全面落实污水全收集、全处理、全回用的工作要求，围绕污水处理厂进厂水量和水质浓度双提升的工作目标，按照"上水管下水"（供水管排水）的思路，深圳水务集团将辖区范围的用户水表，按照污水6个一级分区和34个二级分区进行挂接（图3.14），其中一级分区为污水处理厂收集区域，二级分区是在一级分区的基础上细化污水泵站收集区域和重力流收集区域。定期（每月）进行用户用水量统计，对照污水处理厂和泵站的污水收集（提升）量，进行分区污水收集率的计算和分析评估，及时掌握各片区污水收集及外水占比情况，以便有的放矢，为外水减量和污水双提升工作提供参考和依据。

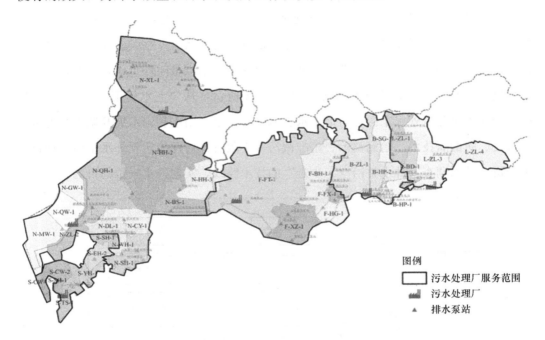

图3.14 污水系统一级分区和二级分区范围示意图

二是按照行政区域进行外水量监测与分析。为指导和考核各区域分公司外水减量工作，在充分调研现状污水系统与各区域分公司服务范围关系的基础上，在各行政区域交界处的污水管上安装了24个区域流量计，结合用户水表数据和分区收集情况，准确量化各区域分公司污水收集率和外水比例。

3.4.2 外水专项调查

污水管网外水主要来源有地下水、海（河）水、山水和雨水，不同来源调查方法不同，具体如下：

1) 地下水进入调查

对辖区内污水管渠进行全面的内窥检测，查清管道存在的破损、脱节、错口等缺陷。优先检测位于河边、海岸边、穿河的污水管以及地下水位较高的填海近河区域，该类区域如出现管道结构缺陷，外来水渗入情况尤为严重。

2) 海（河）水进入调查

一是梳理辖区内所有沿河、沿海排水口，对排水口的出流方式进行核查并分类。二是对淹没出流及半淹没式出流方式的防倒灌设施进行排查，对排查发现的防倒灌设施进行分类；并对存在的问题进行梳理。三是对排水口上游的截污设施进行梳理并进行现场核查，重点复核截流堰顶标高与河（海）水位高程的关系，并结合管网运行经验，将存在倒河（海）水倒灌可能的截污设施列出。四是对位于河边、海岸边及穿河的污水管渠、截污管渠进行全面检测，重点查出破损、脱节、渗漏等可能导致大量海（河）水进入的缺陷。

3) 山水进入调查

一是查清山体截洪沟接入市政排洪管渠的起点位置。二是梳理排洪管渠入河（海）路径并查清其污水进入的具体位置。三是查清排洪管渠截污设施的具体位置。最终根据调查结果绘制相应的系统图。

4) 雨水进入调查

一是全面核查梳理辖区范围的截污设施，重点关注截污设施是否完好、截污点是否有水、截流堰高度与截污管大小是否合适、是否存在上下游重复截污的现象等情况。二是对截污点截流范围内小区清源情况进行梳理调查，并将相关情况录入截污点档案。三是对管辖范围内的市政雨水管及雨水口连管进行核查，重点核查公园绿地、老旧城区、电缆沟等是否存在将雨水接入污水管渠的情况。四是对管辖范围内的一级排水户接户管进行核查，核查是否存在将雨水管接入污水管渠的情况，要特别关注小区雨污分流达标创建过程中是否存在将小区内雨水管或雨水口连管接入污水管的情况。

3.4.3 外水减量整治

1. 倒灌整治

为了防止倒灌，应从以下两个方面入手，一是如闸门、鸭嘴阀、拍门等出现损坏、密闭不严，无法发挥正常功能的，应及时进行维修；二是对易出现河（海）水倒灌的排水口，有计划地将其防倒灌设施改造成可靠性更高的潮闸门等其他形式。考虑深圳河目前拍门效果不佳，深圳河正在实施排水口防倒灌改造工程，主要采用下开式堰门及底轴翻转堰门代替现状排水口传统拍门，防止河水倒灌。

2. 精准截污

按照"大分流、小截流"的原则，根据漏排污水分布及合流、分流制区域的划分情况，实施源头精准截污工程，以减少合流制区域对分流制区域的影响，确保真截污、截真污。

1) 截污管废除

以下情况的截污设施应予以废除：一是已干涸的截污点，例如上游原污染源建筑工地、临时建筑、违章建筑等已拆除的，或截流范围内已全部完成排水达标创建的小区。二是截流范围内达标小区已完成创建，虽有截流水，但经取样检测水质达到《地表水环境质量标准》GB 3838—2002 的标准Ⅴ类。三是上下游存在重复截污现象，经复核，下游截污设施及受纳污水管能够满足要求的，对上游规格小的截污设施予以废除。

2) 截污设施调整

对调查发现截流量明显减少的，应及时降低截流堰高度，缩小截污管大小，调整限流设施开启度。大沙河截流箱涵限流整改前后如图 3.15 所示。

(a) 整改前

(b) 整改后

图 3.15 大沙河截流箱涵限流整改前后

3) 智能截污

目前常用的智能截污技术有：液动下开式堰门截流技术、旋转式堰门截流技术、定量型水力截流技术、雨量型电动截流技术、浮箱式调节堰截流技术等。针对深圳河湾流域实际情况，主要采用液动下开式堰门截流技术和旋转式堰门截流技术。

液动下开式堰门截流技术：在排水口检查井中设置液动下开式堰门，通过油缸控制堰板上下运动，实现对溢流污染的控制（图3.16）。

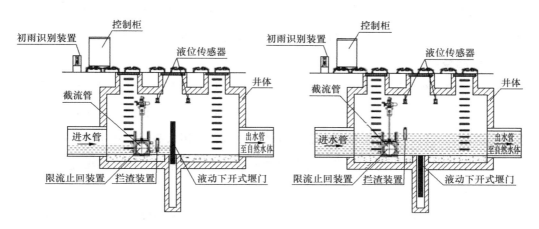

图3.16 液动下开式堰门截流技术示意图

旋转式堰门截流技术：在排水口检查井中设置旋转式堰门，通过控制堰板旋转运动实现对溢流污染的控制（图3.17）。

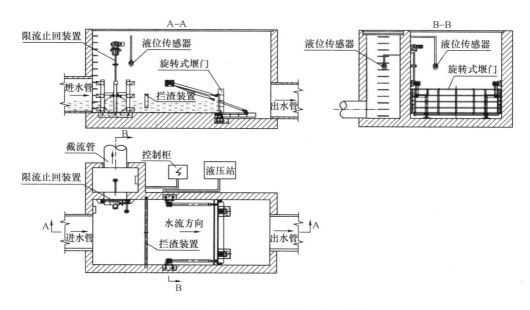

图3.17 旋转式堰门截流技术示意图

4）强化截污设施管理

建立截污设施管理办法，对现有的截污设施采取"一点一档，责任到人"的管理模式，按"两图三表"（即截污设施截流范围图、截污设施内部部件及管道连接关系图、截污设施档案表、截污设施巡查表、截流范围内一级排水户名单及整改情况表）要求对截污点进行建档管理，通过动态管理，及时对截污设施进行废除或调整。

3. 暗涵整治

原特区内（福田区、南山区、罗湖区、盐田区）的山水大部分通过暗渠化河道穿越高密度建成区后到下游河道释放。但由于历史的原因，暗渠化河道周边建筑雨污水混错接严重，大量污水进入暗渠，下游通过总口截污将污水截流至污水系统。由此造成晴天山水及基流进入污水系统，雨天大量雨水进入污水系统，因此暗渠化河道的清污分离至关重要。

为取消总口截污，在同步开展溯源整治的同时，考虑时效性，暗涵治理采用了近远结合，同步考虑远期初期雨水控制，近期暗涵内清淤截污开放总口，远期溯源进行源头彻底清污分离的思路。

通过渠内挂管及暗渠清淤等措施对深圳河湾流域内罗雨干渠、笔架山渠、新洲河等8条总口截污暗渠化河道进行暗涵整治与清污分离改造，完成了60km暗涵清疏、超过10万 m^3 清淤量以及39.4km截污挂管，将清洁基流释放至下游河道，为暗涵总口"旱天敞口、初雨截流、大雨行洪"运行策略夯实基础。主要方法分为以下四大类：

1）污水进管，清水入河

清污分离是提高污水系统运行效率、减少雨季溢流污染的首要任务，对深圳河稳定达标至关重要，因此要严格落实"污水进管、清水入河"的要求，严禁"河水入管、污水入河"，沿河截污系统应密闭严密。暗渠整治中采用PVC-UH管加一体式复合材料检查井的方式，管道之间、管道与井筒之间等采用双胶圈密封处理。暗渠清淤与截污挂管完工后，河水直接进入河道（图3.18）。

2）小口斗截、大口堰截

暗渠内排水口大小不一、位置各异，为避免影响暗渠泄洪、超量雨水入截污管及垃圾堵塞等问题，原则上DN600以下的管道不设截流堰，而采用"大口进、小管出"的漏斗收集形式，即"小口斗截"，实现旱季漏排污水全接收，雨季有效限制雨水进入截污系统的同时不影响排口泄洪。DN600及以上排口可采用传统的截流堰收

图 3.18 暗涵截污施工现场图

集形式,即"大口堰截",具体如图 3.19、图 3.20 所示。

图 3.19 "小口斗截"施工现场图

图 3.20 "大口堰截"示意图

3）清淤、挂管应同步推进

尺寸较大的暗渠，容易淤积，清淤后一段时间又会形成新的淤积，在不彻底整治之前清淤应是常态化工作，因此挂管和清淤在建设时序上同步进行，边清淤边截污，实现整治效率最大化。旱季是暗渠整治的黄金期，岸上的正本清源、渠内的清淤挂管建议在雨季来之前实施完毕，一旦进入雨季将面临巨大的施工难度和安全风险。暗渠的整治效果直接影响深圳河湾流域水质达标。

4）标准化施工过程

暗涵整治施工过程主要按照以下顺序开展：围挡防护→箱涵顶部开口→开口支护→箱涵内通风和气体检测→箱涵内导流排水→箱涵清淤→箱涵挂管→箱涵恢复（图3.21）。

(a) 围挡防护及交通疏导

(b) 箱涵顶部开口作业

(c) 箱涵开口支护

(d) 箱涵内通风

图 3.21　暗涵清淤截污施工顺序现场图（一）

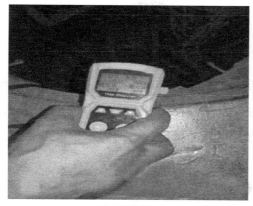
(e) 气体检测

(f) 吸淤车清淤施工

(g) 箱涵内清淤施工

(h) 箱涵内挂管施工

图 3.21　暗涵清淤截污施工顺序现场图（二）

3.5　运行维护关键技术及举措

　　管网改造以及建设完成后，仍需要妥善地运行维护才能维持良好的状态，保障污水系统的效能。通过对排水户、排水管理进小区、管网和低水位运行的管理，确保管网维持在健康状态。

3.5.1 排水户管理

1. 排水户建档

区域分公司负责现场排查一级排水户相关设施，了解排水情况，并建立一级排水户档案，主要包括：一级排水户接户管检查登记表、违章一级排水户核查情况一览表等。一级排水户档案信息及时录入 GIS 系统，实时更新；同时对违章排水用户制定整改措施，实时追踪跟进。

一级排水户接户管检查登记表主要包括名称、所在街道、接户管类型、规格及位置、充满度、是否违章及违章类型、违章处理情况、检查人等信息（在排水管理未进小区之前，建档至一级排水户，管理幅度是比较合适的）。

深圳水务集团已经对深圳河湾流域 5323 个一级排水户和 15669 条出户排水管道建立档案，并将档案信息录入 GIS 系统（图 3.22）。

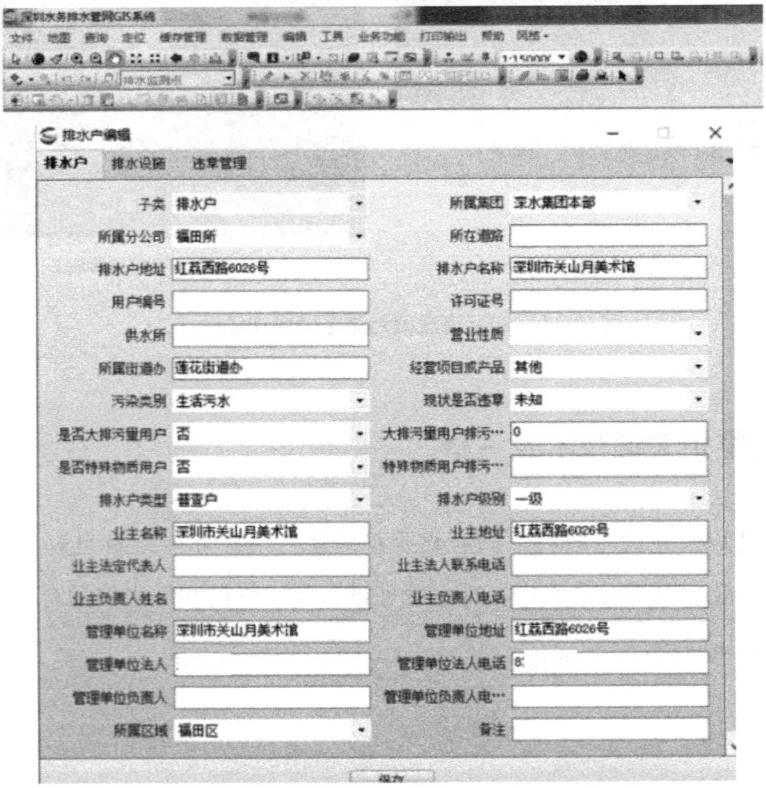

图 3.22 排水户 GIS 信息化管理示意图

2. 排水户核查

各分公司负责每年安排至少一次对一级排水户进行全面核查，由技术工程师和巡查队人员现场对照 GIS 排水管网图纸核对一级户（包括违章户）名称、接户管、检查井现场位置、管线接驳位置、管径等是否正确，记录实际管道充满度。核查信息更新录入至一级排水户档案并同步更新 GIS 信息系统。

同时，各区域分公司对重点一级排水户进行不定期动态核查及专项核查（主要针对沿街经营性排水户、在建工地、洗车场等）。由区域分公司制定核查工作实施计划，确定专人负责核查工作，及时发现新增或减少的排水户，对违章排水户进行跟踪管理和查处，并及时更新排水户档案，同时更新 GIS 相关信息，确保高效精准管理。将核查调查的结果更新至一级排水户档案，用于进一步复核。

1）沿街经营性排水户核查重点为核查商业街区的宾馆、餐厅、酒楼、发廊、洗浴中心、洗车场、沿街店铺等沿街经营性一级排水户排放状况。

2）在建工地核查重点为核查地铁施工、路面改造、桥梁建设、地下通道建设等在建工地排水状况。

3）洗车场核查重点为核查专门洗车店、大型物流公司等涉及洗车用水场所的排水状况。

3. 排水户违章处置

针对日常排水户管理过程中发现存在错接或者混流的排水户，根据不同情形，按以下方案进行整改：

1）对于早期排水管网按照合流制进行设计建设，或虽按分流制设计建设但小区内部存在混流的，应及时整理相关情况上报各区水务局，一批一报，原则上每年不少于四次，并通过达标小区创建进行整改验收，实现源头雨污分流的目标。

2）对于独立排水户违法错接乱排、将雨水收集系统作为排污通道而导致混流的，应加强监管，严厉查处，责令限期整改。

3）由于早期市政规划设计问题，导致用户周边市政管网不完善的，纳入集团排水管网项目库，制定计划进行完善。

3.5.2 排水管理进小区

1. 必要性

小区排水管网是污水收集的源头，却是排水管理的缺环。过去，排水设施的维护管养仅限于市政管网系统，建筑小区内部排水管渠由产权人或其委托物业公司管理，导致小区排水管渠专业化管理长期缺失，缺管、失养、混接错接多发，排水管理的二元模式割裂排水管理链条系统性，逐渐成为实现全流域、全天候水质达标和水环境"长治久清"的最大短板，已到了必须予以解决的时候，尤其是对于雨污分流管网系统，源头专业管理缺失是污水收集效能不能充分发挥的重要因素。

2019年，在借鉴兄弟城市经验的基础上，深圳在全国率先推行全市域"排水管理进小区"，将源头管网纳入专业化管理。

排水管理进小区即由辖区政府将小区排水管网委托区市政排水管网运营公司统一管理，让专业的排水公司把小区内部的排水管网管好用好、发挥出最大的效益、从源头上解决好水污染问题，最终实现从排水户到市政排水管渠、再到污水处理厂的排水设施全链条、全覆盖、一体化、精细化管养。

2. 主要做法

一是修订《深圳经济特区排水条例》《深圳经济特区物业管理条例》中关于小区排水设施移交管理的规定，为排水管理进小区提供法律支撑。

二是编制《深圳市排水管理进小区实施方案》，明确各区对排水公司专营授权、小区产权人签订委托运营协议程序及移交接管范围等内容，同时还配套制定了《建筑小区排水管渠运营维护质量标准》《建筑小区排水管渠运营质量考核标准》等7个配套文件，配合方案实施。

三是由专业排水公司接管小区排水管渠，明确首次进场工作任务，包括开展检测、测绘工作，掌握小区管网详细情况，形成数字化资料，并通过清疏、修复等措施，使小区排水管渠达到最佳运行状态。

四是按照《建筑小区排水管渠运营维护质量标准》要求，实施常态化、专业化管养，及时解决小区排水问题，从源头巩固雨污分流、正本清源成效。

五是将小区管网纳入GIS系统，实现市政＋小区排水管网"一张图"管理，并严格落实排水管网入库要求，确保入库的小区排水管渠数据符合《室外排水设施基础数据采集与建库规范》规定，实现数字化、标准化管理。

六是全面宣传，引导市民正确规范排水。排水管理进小区工作开展以来，被人民日报、中央电视台、深圳特区报、深圳电视台等多家媒体报道。同时，市水务局制定相关宣传方案，在报纸、电视、电台以及新媒体等多种渠道进行宣传，引导、鼓励广大市民关心排水、爱护设施，营造"公众参与、共同监督、群众支持"的全民治水新格局。

3. 资金保障

排水管理进小区工作经费通过财政补贴方式予以解决。深圳为了保障排水管理进小区顺利实施，目前采取了财政全额补贴的方式，首次进场费用（包括排水管渠的检测、测绘、清疏、修复等）由各区承担，日常管理费用由市财政按 1 万元/(km·年)的标准补贴，其余部分由各区财政承担。

4. 工作成效

截至目前，全市实际接收管理建筑小区 23362 个，完成管网测绘 4.97 万 km、检测 4.71 万 km、清淤 49.91 万 m^3、修复 1335km。深圳河湾流域全部小区均纳入管理范围，解决了排水管理难题，保障了正本清源和水污染治理的成效。

3.5.3 管网管理

1. 设施巡查

1）路面设施巡查

路面设施主要包括雨水和污水井盖、井座和雨水箅、雨水框等设施。巡视频率按路段的重要性分为三级，其中一级路段每天巡视一次，二级路段每周巡视两次，三级路段每周巡视一次，巡视完毕后，需做好相关巡视记录并建档保存，重要、大型活动等特殊时期，按政府相关部门或应急预案要求执行。巡视内容主要包括污水外溢、晴天雨水口不积水、井盖和雨水箅子缺损、管渠塌陷、违章占压、违章排放、私自接管以及影响管渠排水的工程施工等情况。

2）管线检查

管线检查是指组织专业技术人员对排水管线进行定期检查，对管渠功能状况与结构状况做出诊断、评估，提出维修改造意见。其中功能状况检查是以排查排水管渠及附属设施中积泥、泥垢和油脂、树根、水位和水流、残墙、坝根等为目的的检查。其检查周期为：排水管渠管径小于 $D900$ 或截面小于 $B900×H900$，每半年一次；排水管渠管径大于 $D900$（含）或截面大于 $B900×H900$（含），每年一次。结构状况检查是以排水管渠及附属设施结构裂缝、变形、腐蚀、错口、脱节、破损与孔洞、渗漏与异管穿入等为目的的检查，其检查周期为：排水管渠管径小于 $D900$ 或截面小于 $B900×H900$，每 5 年一次；排水管渠管径大于 $D900$（含）或截面大于 $B900×H900$（含），每 3 年一次。

2. 管渠清疏

管渠清疏为保持雨污水系统排水通畅，加强对雨污水系统的日常清疏工作。每年汛期前、后，分别组织 2 次全市性的排水管（渠）运行情况大检查，并公布检查结果。

对于管径小于 $D900$ 或截面小于 $B900×H900$ 的排水管（渠）的清疏，要加强对易淤、易堵管段的清疏力度，根据实际情况，确定清疏频率，一般一年不少于 2 次，同时作好相关记录。对于管径大于 $D900$（含）或截面大于 $B900×H900$（含）的排水管渠的清疏列入排水设施大清疏项目。雨水口的清疏一般平均 3 个月一次。

3. 应急抢修

当排水管（渠）发生突发性坍塌等事件，影响管渠、污水泵站及污水处理厂的正常运行时，按照深圳水务集团《排水管渠坍塌应急预案》，及时组织应急抢修。所有抢修工作均由分公司组织实施。抢修完毕，分公司及时填写"管网事故信息采集表"，分析事故原因，并建立事故档案，录入管网信息系统存档。

3.5.4 低水位运行管理

低水位运行管理是指通过市政污水管网的运行调度，降低市政污水管道内水位，使得污水运行液位尽可能保持在设计水位下运行，同步提升污水管网精细化管理，确保"污水不入河，河水不进管"，助力排水系统提质增效。

1. 低水位运行管理的意义

污水管网高液位运行，会排挤原有污水输送空间，导致管网系统的污水转输功效不能充分发挥，容易造成污水溢流。低液位运行可以降低污水溢流污染水体的风险，有利于保障深圳湾流域水环境；同时预留管网空间，为应对暴雨等极端天气创造更有利的条件。

2. 低水位运行管理措施

以污水处理厂系统为单元,通过污水管网外水减量、运行液位设置优化及厂站网同步联动等措施,逐步延长每日低水位运行的时间跨度。

1) 外水减量

通过管网系统外水排查减量整治(详见 3.4 节),为低水位运行奠定基础。深圳河湾流域实现减少外水量约 25 万 m^3/d。

2) 深挖设施潜能

通过技术改造提高污水处理厂的处理能力;做好各污水处理厂的污泥生产及外运等保障工作,确保污水处理厂稳定运行;做好设备检修、备品备件准备及泵坑清淤等工作,确保降液位工作持续稳定开展。污水处理厂、泵站以进水泵房最低运行液位为运行目标。

3.6 典型案例及成效

3.6.1 工程建设典型案例

1. 某花园小区正本清源改造

1) 项目概况

桃花园小区位于深圳市罗湖区笋岗片区,为建成年限超过 25 年的老旧小区,设计管道安装总长度 2090m,其中污水管道 1259m,雨水管道 831m,建设检查井 151 座。正本清源改造工程包括对雨污水主管进行原位翻建,同步解决立管混流问题。

2) 具体举措

(1) 排查

首先通过现场实地排查及内窥对小区管网逐一排查,发现存在排水管道部分坍塌损毁、堵塞,以排水沟作为污水排放通道,导致 4 处污水串联至雨水系统;建筑物立管混流或接驳错误;垃圾站、餐饮店等 3 处面源污染进入雨水系统等问题。

(2) 方案制定

桃花园小区正本清源工程实施条件差,最大的难点在于老旧建筑小区巷道狭窄,人员密集,管道改造施工难度大。根据项目特点,制定了对应的施工方案(图

3.23)。施工进场协调方面,重点协调物业与小区居民之间的关系,获得小区物业及居民的支持,保障工程顺利进场。

地下管线协调方面,小区涉及地下市政地下管线较多,存在一定的安全风险,施工前与相关产权单位现场进行管线交底,并在施工线路上现场做标记防护,实施时采取人工探挖等方式,发现后采取保护措施等,以减少管线破坏的风险。

(3) 施工改造

针对施工面不足的巷道,主要采用人工开挖,分段施工,完工一段,恢复一段,以节约施工空间,减少对社区生活的干扰。工程共完成雨污分流管道2090m,对12处管道进行了封堵,改造管道9处。

(a) 现场槽钢支护　　　　　　　　(b) 狭窄地段人工开挖

图 3.23　桃花园小区不同场地条件施工方案

3) 取得成效

桃花园小区经过正本清源改造,已全部实现雨污处理。解决了雨污水管混流、立管改造、面源污染等问题,实现了雨污分流,得到了居委会和物业的一致好评,同时也为老旧小区正本清源改造提供了经验借鉴。截至2020年年底,深圳河流域罗湖区域1561个小区全部实现雨污分流改造,为深圳河流域水环境改善奠定了基础。

2. 某道路非开挖管道修复

1) 项目概况

福田区白石路原 $2\times DN1400$ 污水压力管为福田污水处理厂北门至康佳集团之间，管线总长 4824m，横跨白石路、红树林路、侨城东路，全线处于深圳市重要交通繁忙地段。该管是深圳市福田区与南山区污水应急调配的唯一通道，对于城市核心区域的污水治理与事故应急抢修起到决定性作用。该污水压力管线为两根 $DN1400$ 钢筋混凝土污水管，建于 1995 年，至今已运行近 30 年，管道内腐蚀严重，局部出现管道破损、坍塌，导致该污水管线经常发生爆管，危及污水调配运行安全，急需进行修复（图 3.24）。

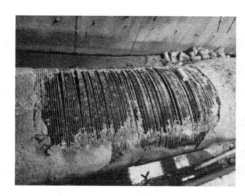
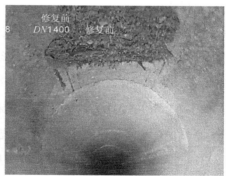

图 3.24 管道破损情况

2) 具体举措

（1）问题分析

该管线地下埋深 7~9m，涉及城市交通、城管、地铁、燃气、通信、电力等，面临施工作业面有限、施工扰民、交通堵塞、影响城市环境、协调难度大等问题，非开挖修复是首选技术措施，经技术比选，紫外光 UV 固化法是适宜的方法之一。

但常规紫外光 UV 固化施工无法满足施工条件，且需要申办涉地铁、交通占道、城市绿化迁移、地下管线迁改等，各项申报手续繁多、协调难度大、所需时间长，为此，该项目经过对常规工法进行改造，创新性采用了超长距离非开挖紫外光 UV 固化内衬修复技术，成功完成了修复任务。

（2）施工方案

项目从材料、设备、配套设施、工法等几方面取得创新突破。在施工作业面有限、保证施工安全、技术可靠的情况下，延长了施工段的长度，减少了施工开挖工作井数量，达到少开挖或不开挖的环保施工理念，对原排水管道进行原位修复。

① 对紫外光UV固化施工机械设备进行改造，实现了分体式、小型化，解决了长距离管内材料运输、固化施工风压稳定和温度稳定、施工操作可靠性难题。

② 在修复管道内进行修复内衬搭接，解决了施工占道、交通堵塞、施工扰民、破坏环境、工作井开挖多等系列难题。

③ 通过材料定制，对原管结构缺陷进行修复，对存在的管道变径、弯折情况实现整体修复。

修复后管道功能性试验、材料质量检验等各项性能指标正常完好。

3）取得成效

（1）常规紫外光UV固化施工段长度极限为100～120m，根据每100～120m设置工作井，开挖工作井数多、成本高、影响大、施工速度慢。本技术可以减少工作井，实现超长距离施工，成功应用在深圳市福田区白石路 $2\times DN1400$ 压力管修复工程，实现了640m长度施工纪录，将传统施工段长度提高了5倍以上，施工工作井由常规54座减少至9座，刷新了国内紫外光UV固化施工段长度最长的纪录。

（2）通过对修复管道弯头进行实测实量、精准计算取得相关数据，然后对管道弯头实行分段分块专属定制修复材料，在转折部位采用双胀圈+快速锁的连接方式，较好解决了管道弯头整体固化难题，在国内首次成功解决这一难题。

（3）管道内衬修复壁厚16mm达到国内最厚。

该方法适合工期紧迫、环境污染小、交通影响小、综合成本低的项目。

改造完成后，清除了2条DN1400管道隐患，有效保障了污水调配和运行安全，为城市核心区域的污水治理创造了良好的运行条件。

3. 某地下河迎来多年首次清淤

1）项目概况

皇岗河位于深圳市福田区，属深圳河水系，全长1.78km，全部为地下双孔箱涵，流域面积 $4.65km^2$。皇岗河沿线共有排口32个，淤积总量约为4.1万 m^3，占福田区暗涵淤积总量45%。

皇岗河地处高密度建成区，上游无山水源头，下游河床低于深圳河河床，河口闸门常闭，主要功能是行洪通道。由于淤积严重，行洪不畅，导致流域范围内有国花菩提路口、滨河海田立交桥洞、大中华酒店周边三处内涝积水点。工程难点包括以下几部分：

（1）排水困难

皇岗河是内河加感潮河，内河河床低于外河河床 1m 左右，河道水流相对静止，大量淤泥抢占暗涵容积，分段抽排无法有效降低工作面水位。

因降雨及河道水位影响，雨后皇岗河河口闸门排涝能力受限，流域降雨暂存于雨水管网内，下游只能通过皇岗泵站排出，排水周期长。

（2）淤积量大

皇岗河水体流动性差，加之自 20 世纪 90 年代建成后从未全面清淤，导致淤泥量大，平均淤积厚度近 2.0m，最厚处近 3.0m。

（3）施工开口难

皇岗河位于高密度建成区，北起滨河大道，沿途流经集华花园、福民路、福强路、地铁广场等地，上部多为建成小区、市政道路，开口点选取困难。

（4）安全风险高

皇岗河暗涵内有毒有害气体超标严重，暗涵内硫化氢气体浓度普遍在 40mg/L 以上，严重威胁勘察排查、施工作业人员的人身安全。

皇岗河由于淤泥沉积不均匀，导致局部存水，施工中易导致"堰塞湖"效应，给清淤作业带来安全隐患。

2）具体举措

（1）溯源排查

① 摸排溯源。摸排溯源过程中采用管道潜望镜检测（QV）、测绘船、流量计等技术设备，辅助潜水员暗涵内实地复核的方式，精准测量箱涵走向、内截面尺寸、暗涵长度、起止位置、涵内水深及变化情况、涵内淤泥厚度、箱涵孔数、检查井位置和计划开口点位置等信息。

② 淤积量确认。通过摸排数据，可以初步确认淤积量。为保证数据准确，以 30m 为一个测量断面，通过标记水面、淤泥面、涵底与涵顶高度差，精准确定淤泥总量。

（2）方案确定

① 开口点选择。通过详细踏勘，为减少开口点对周边居民影响，充分利用现状条件，经福田区政府、多部门协调，在翻新重建的皇岗中学内设置第一开口点、绿谷

公园绿化空地作为第二开口点、皇岗路—皇岗口岸匝道绿化区域设置第三开口点、皇岗河闸口作为第四开口点。

② 清淤截污。根据皇岗河排水困难、淤泥大量占用暗涵容积、干法清淤无法实现的特点，清淤初期选取清淤机器人施工，消除开口点距离长、有毒有害气体浓度高等不利影响。清除淤泥约 8000m³ 后，释放暗涵容积。排水条件初步形成后，改用分段倒排降水、小型机械清淤，提高清淤效率。

清淤完成后开始分段挂管，挂管以 50m 作为一个作业单元，每个单元采用可移动式挡水围堰辅助潜水泵排水以达到干地作业条件，保证工程质量。在暗涵内每个排口下方设置检查井，方便后期接入截污系统，保证截污成效。工程完成截污管 3560m，管径 $DN500 \sim DN800$，接入排口 15 个。

③ 泵站建设。为解决皇岗河截污管污水出路和河道行洪排涝问题，在皇岗河河口新建一座污水泵站和一座雨水泵站。

（3）安全措施

① 通风、照明保证。选用 2 台 11kW 高压离心风机，风压大于或等于 1500Pa，流量大于或等于 13000m³/h，涵内风速控制在 18～25m/s，同时打开沿途检查井利用轴流风机抽吸，形成空气循环，保证涵内空气清新。通风 30min 后，经气体检测合格方可进行作业。涵内配置 LED（12V）灯带和防爆充电式 LED 照明灯，保证涵内光亮。

② 实时监测。有毒有害气体监测：涵内设置固定式气体检测仪，气体异常时联网报警；作业人员随身佩戴四合一气体检测仪，随时监控作业环境有毒气体浓度。设置视频监控系统，掌握涵内作业情况，有效应对突发状况。

③ 作业人员防护。作业人员配备水裤、防静电工装、护目镜、防毒面具，涵内每隔 30m 配备救生圈、空气呼吸器等逃生装备。

④ 通信保证。作业人员佩戴对讲机，与外界保持联系；开口点配备铜锣、手摇式警报器，保证在发生突发情况时撤离信号有效传递，及时撤离。

3）取得成效

皇岗河清淤和精准截污完成后，释放了 4.1 万 m³ 行洪容积，降低了内涝风险，保证了城市行洪安全；国花菩提路口、滨河海田立交桥洞、大中华酒店周边三处历史积水点未再发生积水内涝情况；河道水质也得到明显改善，全面消除了黑臭水体。皇岗河整治前后效果如图 3.25 所示。

(a) 整治前　　　　　　　　　(b) 整治后

图 3.25　皇岗河整治前后效果

4. 深圳河排口下开式堰门改造

1）项目概况

深圳河赤尾村排水口、华强南路排水口、华发南路排水口、南华村排水口、松岭路排水口、上步路排水口、同心路排水口 7 个排水口原设计采用固定式砖砌堰和玻璃钢拍门进行截污和防倒灌。由于深圳河水受潮汐影响较大，高潮及低潮水位相差 3m。由于拍门关闭不严，涨潮时，河水倒灌至上游 1.2m 截污管网（截污管网连接皇岗泵站），一方面导致截污管水位升高，污水从沿线截污点的低点位置溢流，另一方面导致皇岗泵站长期水位过高，河水最终进入福田污水处理厂，直接影响 BOD、氨氮、氯化物等进厂水质指标，同时也增加了污水处理厂负荷。退潮时，污水和管网中的淤泥一同从排口处入河，导致排口水质超标。

2）具体举措

项目针对下开式堰门和翻板式堰门分别研究了新的工法，采取了预制一拼装的施工方法。该方法具有"四快"的优点：快速复制、快速施工、快速恢复、快速投入使用。共新建 7 个堰门，其中翻板式堰门 4 个，下开式堰门 3 个（图 3.26）。

预制构件模具由模具厂家制作，再运到预制厂进行构件预制，然后将成型的预制构件分批运到现场进行吊装拼接。堰门预制构件共 8 块，分别为堰门底板及连接口 A 块 29t 和 B 块 29t，堰门墙体及连接口 C 块 18t、D 块 22t，堰门墙体至顶板 E 块 27t 和 F 块 23t，堰门顶板 G 块 11t 和 H 块 12t。

(a) 下开式堰门　　　　　　　　　(b) 翻板式堰门

图 3.26　预制堰门照片

3) 取得成效

项目创新了预制方式建造施工方法，具有适应性快的特点，新建的堰门增设雨量计、水位计等监测探头，可根据雨量及水位的变化自动控制堰门的开启和关闭，实现雨天和晴天两种模式下精准调控，按照污水不排河、初雨不溢流、河水不倒灌、出水量可调的要求，实现精准截污。

3.6.2　运行维护典型案例

1. 盐田区多措并举精准管控涉水污染源

1) 项目概况

盐田区共有入海排口 26 个，入河排口 626 个。排水户 1613 个，其中建筑小区 602 个（含 11 个重点工业企业、9 个农贸市场、3 家医院），餐饮类 812 个，汽修洗车类 36 个，医疗卫生类 55 个，美容美发类 108 个。面对污染源多、范围广、管理难等难题，盐田区从以下举措建立一套精准管控涉水污染源体系。

2) 具体举措

精耕细作，构建排水精细化长效管理机制。统筹推进小区正本清源改造，区水务部门与街道、社区联动，逐街逐巷现场核实划定排水小区，并编码上图，挂图作战，全面推进正本清源改造，于 2019 年年底基本实现正本清源改造全覆盖；率先实现排水管理进小区，全区 566 个小区约 1036km 排水管渠率先实现专业化运管全覆盖，并全面完成首次进场三项工作；全面规范排水户排水行为，在辖区排水户全面纳管的基础上，通过简化流程，委托专业技术单位上门进行技术指导，加快排水户排水许可办理，全区排水许可覆盖率从 2015 年下放区级管理的 20% 提升至 95% 以上；群管群治，搭建"1+N 网络"，特聘 24 名技术专干与 5 个街道、19 个社区进行日常对接，通过排水小区管理 APP，将涉水面源排查整治纳入网格化管理范畴，形成面源污染整治工作闭环，实现区、街、社区、物业、排水公司五级常态化专人联动，以点上问题"歼灭战"，带动面上治理"全覆盖"。

3）整治成效

通过多措并举，盐田区 1613 家排水户率先实现"互联网+一户一档"动态管理，排水许可覆盖率提升至 95% 以上，为深圳全市最高，实现全域排水管渠一体化、专业化运管，污水收集处理率稳定达 100%，在全市率先实现辖区点源面源监管全覆盖。

2. 盐田区排水管理进小区

1）由梧桐苑小区说起

梧桐苑小区位于盐田区沙头角梧桐路，是一个拥有 4 栋高楼、190 多户住户的小区。十几年来，该小区排水设施由于缺乏专业管养，运行问题凸显。2021 年 1 月 29 日下午，深圳水务集团盐田分公司接到梧桐苑小区物业管理处投诉电话，小区内 A 栋楼房前停车场一污水井盖冒污水，臭味很重，严重影响停车及周边环境。接到投诉后，盐田分公司火速派遣运维人员及清疏车辆到场，协同物业公司开展清疏作业，并疏导附近车辆。通过专业设备探测管道发现，冒溢井下游管道塌陷，阻塞污水正常排放，从而导致污水冒溢至地面。为保障小区正常排水，从症结上杜绝污水横流，工程技术人员制定了该处塌陷管道修复方案。1 月 30 日一早，运维工程师及抢修人员携带设备再次进入梧桐苑小区，在做好安全措施、避开地下燃气管线的前提下对塌陷管道进行更换并原样恢复路面。

梧桐苑物业管理处主任称赞维修人员："我们小区需要的正是你们这样的队伍，要设备有设备，要能力有能力，更重要的是负责到底，我们悬着的心终于放下了。"

在工程人员抢修过程中,还有不少居民好奇地在远处围观。物业人员向居民介绍,这是深圳水务集团的专业队伍,具体负责政府"排水管理进小区"项目,专门为大家提供小区排水管渠维修服务。居民听了纷纷点头称赞。

2) 具体举措

(1) 精耕细作,构建"盐田战法"。盐田区立足实际,率先制定实施方案、配套指引和考核办法,依托"双随机"抽查系统,建立排水公司运管质量与绩效挂钩的考核机制。全面复核所有建筑小区区位图,采用"一小区一编号一图一档一表"模式,制定排水管理进小区"追踪作战表",实施挂图作战,定人定岗定责。在着力解决现有小区排水问题的同时,盐田区还率先构建新建小区供水排水设施建设全流程管理体系,实现对新建小区供水排水设施从设计、施工、竣工验收到移交的全流程管控,从源头彻底解决新建小区供水排水设施建设的质量和移交问题。

(2) 巧借民力,打造"民生样板"。创新开发盐田小区排水管理微信小程序,搭建社区、物业、居民反馈问题的"随手拍随时报"通道,精准、及时、高效解决排水管理进小区的痛难点。在全面完成居民小区供水管网和二次供水设施改造的基础上,建成一批供水排水一体化管理样板小区,供居民参观,用实际效果说话。制作小区排水管渠管理范围 3D 解析图及管理指引,线上创建"排水管理进小区"政策解读专栏,线下实现 19 个社区、25 个公立学校宣传全覆盖。2020 年,开展宣传活动 170 场,张贴宣传海报 35500 余份,直面居民疑惑,直达居民心窝,主动减少工作阻力。

(3) 群管群治,搭建"1+N 网络"。部门联控,区水务、生态、市场监管、卫健等部门建立审批信息互通机制,动态掌握排水户情况。政企同管,高规格制定"工程项目式"管理模式,设立专门的"副经理级"管理团队与街道及社区进行日常对接,形成网格化常态化专人联动机制。全民共治,组建超过 5000 人的志愿护河力量全链条参与"排水户—管网—河湖网"监督,社会监督日益多维化。

3) 整治成效

经过系统性的清淤、测绘、检测及修复整治,盐田区各类小区排水问题投诉量显著下降。在 2020 年 38 场暴雨中,均未发生小区内明显涝积水情况。到 2020 年年底,盐田区率先实现签约移交率、进场接管率、首次进场三项(清淤、测绘、检测)工作完成率"3 个 100%",排水管理进入"精细化、专业化、一体化"新时期。

3.6 典型案例及成效

3. 滨河污水处理厂系低水位运行案例

1) 基本情况

2018年10月，滨河污水处理厂的设计规模达30万 m^3/d，实际日均处理量约32.8万 m^3/d，已超负荷运行。滨河污水处理厂有蓝天区和碧水区两座进水泵房，进水管通过3根连通管连通，目前运行液位分别为4.8~6.5m和2.3~4.0m。由于两座泵房泵坑底标高相差约2.7m，造成蓝天区的设计最高液位（-1.1m）与碧水区的设计最低液位（-1.4m）接近。如果蓝天区低于设计最高水位（-1.1m）运行，将会导致碧水区泵房全停，碧水区工艺段停产，对生产冲击极大（表3.5、图3.27）。因此，为保障滨河污水处理厂生产平稳运行，出水水质稳定达标，滨河厂最低运行液位以碧水区的设计液位控制。

滨河污水处理厂泵坑设计高程（m） 表3.5

项目	地面高程（黄海高程）	泵坑底高程（相对高程/黄海高程）	设计运行最低液位（相对高程/黄海高程）	设计运行最高液位（相对高程/黄海高程）
蓝天区	4.8	0.0/-5.4	1.7/-3.7	4.3/-1.1
碧水区	5.2	0.0/-2.73	1.33/-1.4	2.53/-0.2

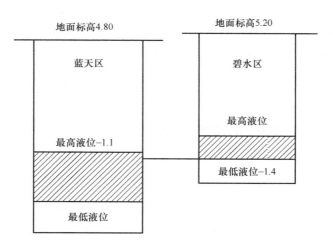

图3.27 滨河污水处理厂泵坑高程（黄海高程）示意图

2) 具体举措

（1）液位控制目标

以碧水区设计水位为标准逐步下降，直至满负荷运行无法再降低液位为止。

（2）低水位运行方案

(1) 根据水厂低峰期进水情况逐步下调碧水区提升泵坑最低运行液位，或低峰期两座泵房满负荷运行情况下无法再降低泵坑液位为止。

(2) 考虑到集水坑容积较小，为避免水泵频繁启停，允许运行液位较目标液位偏高 0.5m。

3) 取得成效

通过以上措施，2018 年旱季，低水位运行实现了以下三方面的成效，并在持续开展。

(1) 管网液位普遍降低 1~2m，降低污染物溢流风险。

(2) 增加管网、箱涵的调蓄能力 10 万 m^3。

(3) 为管网错接排查整改、外水排查减量、管道清疏养护等提供了作业条件。

3.7 应用及推广前景

3.7.1 创新性及先进性

1. 依据发展要求，统筹管网建设

以规划为依据、以满足城市发展需求为目标逐步推进设施建设，同时对存量管网进行系统梳理、排查，并对发现问题进行改造，逐步完善流域管网系统，实现河湾流域排水管网全覆盖，实现雨污分流、外水减量，提质增效。

2. 依照运营要求，实现运行维护全覆盖

以全覆盖、全收集、全处理为基础，进行液位管控、厂网全流程协同增效，持续提升排水系统运营质量。2018 年深圳水务集团共接收原特区内无人维护管理的排水管网及附属设施约 993km，其中城中村（103 个）公共排水管网 550km、成片开发区公共排水管网 151km、"三不管"市政道路排水管网 292km。2019 年在市、区两级政府的大力支持下，深圳河流域原位于龙岗区的布吉、沙湾片区的 1180km 排水管网及南岭泵站、沙塘布泵站等 5 座泵站全面委托深圳水务集团统一管理。2020 年在市委、市政府的统一部署下，深圳水务集团配合辖区政府实施"排水管理进小区"，全面接管 7463 个建筑小区、约 1.34 万 km 排水管网，解决排水"最后一公里"问题。基本实现厂、站、网、源等排水设施集中管理全覆盖。

同时以源头治理、管网完善为主要抓手,以排口小流域精细化管理、排水管理进小区为长效机制,对市政、小区管网混错接、缺失、缺陷等情况进行普查与整改,实现旱天排口污水零直排、流域污水全收集目标。

3. 依托创新技术,高效处理问题

同步建设了排水管理系统,使得数据记录及时、规范,历史数据也可方便查询、追溯,运营成果便于传输和管理,提高生产运营效率。

3.7.2 管网提质增效成效及社会效益

1. 管网工程建设改造

通过 3.3 节中所述的管网排查、改造及建设措施,2016~2020 年,实现深圳河湾流域 7124 个小区正本清源全覆盖,深圳水务集团投资新建及修复市政排水管网 116km,政府投资建设并移交市政排水管网 229.5km,废除点截污 310 余处,废除高位溢流 110 余处,取消总口截污 24 处,保障 1504 处排水口晴天污水零直排。

这个过程中,还建设了排水管理系统,完善了排水管网 GIS 系统,通过定期排查更新,使得数据记录及时、规范,历史数据也可方便查询、追溯,运营成果便于传输和管理,工作更加高效智能,提高了管网运营、应急处置效率。

2. 管网运行维护

结合 3.4 节中的四大项,将流域 9396 个排水户纳入排水户管理,7124 个小区全部纳入管理进小区管理范围内,市政管网低水位运行覆盖率达到 90% 以上,实现流域 20967km 小区及市政排水管网巡查、清淤、检测、勘测及修复整改全覆盖,实现减少外水约 25 万 m^3/d,流域污水处理厂进水浓度均值稳定在 130mg/L 以上。

3. 社会效益

通过工程措施和运营维护对管网进行提质增效,建设完善、高效、健康的排水管网,在流域治理、水环境提升等方面做出了显著的成效。2016~2020 年,完成流域范围内全部 13 条黑臭水体消黑,保障 1504 处排水口晴天污水零直排,消除污水直排,还城市干净河道,福田河、大沙河等河流呈现水清岸绿、鱼翔浅底的美丽景象,成为城市新的风景线和市民休闲的好去处,为居民带来了良好的环境,形成了城水和谐的良好局面。

第 4 章　污水处理厂提标拓能策略及成效

4.1　必要性和重要性

深圳河流域位于城市中下游，属于内源型河流，河道补水主要来自污水处理厂出水，因此，提高污水处理厂水污染物排放标准，是改善流域水环境质量的重要一环。截至 2015 年年底，深圳市河湾流域共有污水处理厂（站）8 座，污水处理规模 174 万 m^3/d。污水处理厂处理能力不足的原因来自多方面，通过全域调研分析，城市快速发展设施规划滞后、管网系统错接乱排以及厂站本身设计滞后等是主要原因，具体如下：

1）管理主体多元，城市开发建设与排水设施建设的衔接不足

由于全市违建面积较大，排水设施规划难以配套，城市快速发展、污水收集处理设施众多，但规划、建设和管理的主体多元，各环节未按流域统筹，导致污水处理厂规划滞后或指导建设失效，无法匹配城市发展需求。

2）规管不并重，设计封闭的管网系统大量外水入侵

雨污水收集系统未同步推进，规划雨污分流体制与实际雨污混流制并存。污水处理系统按纯污水设计建设，雨季外水冲击会导致污水处理厂处理能力不足或处理效率下降，主要由于大量外水进入污水系统：一是山水、地下水进入污水系统。深圳市由于部分区域地下水水位较高，加之管材使用不当、管道施工不规范、管网缺失、管网错接乱接等造成，地下水渗入污水管道的比例较高，部分区域甚至超过了 20%，且深圳最早排水规划采用的截流式排水体制，暗涵总口截污的方式导致大量基流进入污水管道。二是雨水进入污水系统。由于规划实施滞后于城市快速发展，早期"重地上、轻地下"的做法导致排水设施建设滞后于城市建设，排水管网历史缺口大，错接、乱接现象严重。同时深圳历史遗留建筑约占总建筑面积的 40%，城中村居住人

口约1000万人，大量历史遗留建筑缺乏配套排水设施，易产生污水直排、雨污混流等现象。三是海水进入污水系统。深圳河流具有感潮特征，由于管网雨污分流的不彻底，沿河拍门一旦故障，原本应进入雨水系统的高潮位海水大量进水污水系统；且部分沿海地区管道长期浸泡在海水中，一旦出现管道破损等现象，海水将大量进入污水系统，部分污水处理厂进水氯离子浓度居高不下，导致污水处理厂生化系统频受冲击。

3）厂网不匹配，污水处理厂规模不满足实际需求

厂网不匹配，一方面体现在污水处理厂设计规模与管网不匹配。污水处理厂规模主要依据旱季污水处理需求确定，雨季混流管网和截污干管带来大量外水，导致部分污水处理厂出现满负荷甚至超负荷运行。雨季和旱季差亿水量对污水处理厂的冲击风险，已成为影响污水系统稳定运行的重要问题。另一方面，各片区排水管网、管线单一孤立，系统水量冗余不足，缺乏应急调配通道，提标改造、事故检修、管网修复及接驳完善工程过程中水量调度分配困难，时有污水超越处理设施直排入河。

通过研究国内外污水处理厂设计规模（表4.1）可以看出，以分流制为主的地区，设计规模与污水量的比值在1.5以下，以合流制为主的地区，设计规模与污水量的比值在1.5~1.8。而治理前深圳河流域污水处理厂的设计规模与污水量的比值在1.32，与其他国家和地区的比值存在较大差异，因此，亟需对污水处理厂内部升级改造。

国内外污水处理厂处理规模 表4.1

地区	代表性污水处理厂	排水体制	设计规模/污水量（万 m^3）
美国芝加哥	Sickney污水处理厂	合流制	1.81
日本东京	Morigasaki水回收中心	合流制为主	1.27
加拿大魁北克	Jean-R.-Marcotte污水处理厂		2.73
韩国首尔	龙仁污水处理厂	合流制为主	1.83
德国柏林		合流制为主	1.54
新加坡		分流制	1.0
以色列里雄莱锡安	IGUDAN污水处理厂	分流制	1.06
中国上海		合流制为主	1.57
中国香港		分流制	1.41

4. 尾水污水处理厂出水标准难以满足低环境容量水体水质要求

污水处理厂原设计出水水质标准多执行《城镇污水处理厂污染物排放标准》GB 18918—2002 一级 A 标准，要实现河道水质满足《地表水环境质量标准》GB 3838—2002 Ⅴ类及以上标准，需要进一步提高污水处理厂出水水质。

此外，污水处理厂建设也面临着区域用地有限、邻避效应导致选址落地困难等问题。因此，结合深圳市实际情况，减少管网溢流，提高污水处理厂处理效率，提高出水标准，提升河湖补给水源水质是解决上述问题的必要途径。

4.2 总体原则

4.2.1 适度超前原则建立弹性污水处理系统

为应对雨季水量和多源污染的不确定性，以及水处理供需矛盾突出的现实问题，打破传统基于城市发展、人口规模测算的污水处理厂建设规划，以水环境质量目标为导向，开展污水处理厂规模研究。在污水系统规划中重点对污水处理厂规模进行了弹性控制，以提升污水设施应对外部冲击冗余能力，具体包括：

1) 弹性控制规模和用地规模

面对地下水渗入量和污染雨水量居高不下，雨季、旱季水量差距大的现实，深圳市提出弹性规模和用地控制，在常规旱季污水量计算的基础上，以"旱季污水量＋地下水渗入量＋初期雨水处理需求"作为确定污水处理厂规划规模的基础，用来指导污水处理厂建设，以更为弹性的用地控制规模来确定污水处理厂的用地控制面积，全市污水处理厂控制用地最大可建设规模可达旱季污水量的 1.85 倍，为水环境治理充分预留了弹性。

2) 提升耐冲击负荷能力

为提升污水处理厂应对冲击负荷的能力，深圳市提出通过将污水处理厂设计优化、调蓄池和污水处理厂合并建设等方式，将污水处理厂的总变化系数由 1.3 调整为 1.3~2.0，实施雨、旱季双模式运行，以有效应对雨季水量的冲击。污水处理厂在前期工作中，要充分调查片区内的污染源产生和分布情况、管网状况以及地下水渗入、面源污染等情况，对污水处理厂规模和总变化系数的选取进行专题论证[19]。

4.2.2 环境目标原则提升出水水质标准

根据《深圳市环境保护规划纲要（2007—2020年）》《广东省跨地级以上市河流交接断面水质达标管理方案》《广东省海洋功能区划（2011—2020）》《深圳贯彻国务院水污染防治行动计划实施治水提质行动方案》《关于调整淡水河污染整治远期目标的通知》《关于重新划分深圳市生活饮用水地表水源功能保护区的通知》《地表水环境质量标准》GB 3838—2002，深圳市深圳河2020年受纳水体水质目标为地表水Ⅴ类，2030年水质目标为水环境质量全面改善，生态系统实现良性循环。

以上述环境目标为依据，提高污水处理厂排放标准，保障污水处理厂出水可以为水体提供合格的补充水，成为河湖的新水源，有效改善流域水环境。

4.2.3 安全应急原则建立联网调配系统

为提升污水系统的安全性，规划提出污水系统安全保障规划，实施污水处理厂网联合调度，增强污水系统的冗余调度能力，提升污水系统的安全保障性。污水处理厂网联合调度的目的是应对系统风险的不确定性，因地制宜推进污水系统的互联互通，为有条件的片区构建污水应急调配通道，避免事故等紧急状况下可能发生的污水直排水体问题。

4.2.4 合并建设原则建设适度调蓄设施

为控制污水管网溢流风险，深圳市着力完善初期雨水收集和处置系统，结合沿河截污系统和溢流污染控制总体要求，全市沿主要河道布局了多座调蓄设施，近期作为雨污水调蓄设施，重点控制溢流污染，远期逐步改造为初期雨水调蓄设施。调蓄池与污水处理厂合并建设的，远期可改造作为污水处理厂的配套设施，以提升污水处理厂的抗冲击能力。

4.3 潜能挖掘基本策略

基于深圳河流域现状排水设施运行状况，针对适度超前、提升水质、应急调配的总体原则，在新建高标准污水处理厂的基础上，分别从"提高产能、水质提升、智能调度"三大方面研究高密度建成区污水处理厂潜能开发和智能调度关键技术，构建深圳河水污染高效治理体系。

4.3.1 提高产能策略

通过实际分析，随季节变化，污水处理厂进水水量、水质具有明显的特征，结合污水处理流程中各工艺段的特征及要求，需采取相应的措施。

构建旱雨季运行模式：针对南方城市旱季、雨季水量水质不同的特点，用旱季水量、水质设计污水处理厂生物处理负荷，用雨季水量、水质设计构筑物水力负荷，用于指导现有污水处理厂处理能力的潜能挖掘，以及新污水处理厂的设计建设，实现提高污水处理能力30%以上。

预处理系统潜能挖掘技术：预处理系统一直是污水处理厂水力负荷的瓶颈，通过创新采用一体化预处理系统、增设格栅、优化格栅冲洗程序等手段，实现预处理系统水力负荷提升，为现有污水处理厂预处理系统潜能挖掘提供借鉴。

多点进水工艺技术：多点进水工艺不但可以通过生物池沿程多点配水方式实现雨季峰值流量的提升，而且避免了传统工艺生物池首端单点进水导致峰值流量期间因二沉池固体负荷陡升可能引发的大量活性污泥溢出。

二沉池潜能技术：二沉池表面负荷是污水处理厂扩能的瓶颈之一，大水量会提升表面负荷，容易造成二沉池翻泥，影响出水水质。因此，通过改善水力条件、完善进出水水量分配的方式挖掘二沉池潜能。

4.3.2 水质提升策略

从优化加药系统、曝气系统、滤池运行参数的角度，强化生化系统污染物去除效果，改善尾水出水水质。

加药、曝气系统优化技术：模拟高密度沉淀池运行模式，在二沉池进水前端联合投加PAC和阴离子PAM两种药剂，提高污泥沉降性能、压低二沉池泥水界面，从而改善二沉池翻泥问题。曝气系统的材质、曝气方式都将影响生化系统曝气效果。比如，为提高生物池污染物去除能力，可将原有穿孔管曝气方式优化为氧传递效率更高的微孔曝气，并创新采用可移动排架式曝气装置，实现改造期间不停产、不减产，花小钱办大事。

缺氧曝气多级AO技术：通过增设进水点，引入了曝气缺氧理念，可适应不同水量及水质变化，实现多模式运行（可按二级AO工艺、三级AO工艺、二级AO-曝气缺氧工艺、三级AO-曝气缺氧工艺等模式运行），实现合理分配碳源，较传统工艺实现脱氮效率大幅提高、曝气能耗较大幅减少。

4.3.3 智能调控策略

为提升系统应急处理能力，需提升厂内污水处理硬件设施，完善智能控制系统并综合调整流域全要素调度系统。

1. 进水智能控制系统

针对进厂水量不稳定，影响出水水质问题，建立起一套进水流量智能控制程序。该程序通过建立计算模型及采用工艺过程在线仪表数据的关系，通过智能控制程序，进厂水流量能够根据设定的出水水质期望值及进出水水质实时智能调控，在水质达标的前提下自动、精确、实时地调整进厂水量，保障出水水质的稳定，相比传统的恒流量、恒液位控制模式更加智能，也更符合实际生产需求。

2. 精确曝气控制系统

新的风量计算模型中，以进水流量及进水氨氮浓度为主，乘以经验系数作为需风量的基数，然后再用出水氨氮对该基数进行修正，得到最终的需求风量。出水氨氮浓度对需风量的修正是通过实际出水氨氮浓度与目标出水氨氮浓度的差值乘以修正系数，当实际出水氨氮浓度低于目标出水氨氮浓度时，根据与目标浓度的差值大小自动按比例减少需风量；当实际出水氨氮浓度高于目标浓度时，根据与目标浓度的差值大小自动按比例增加需风量，从而使得需求风量与实时出水氨氮浓度相关联，根据出水氨氮浓度的情况自动增减风量，避免风量不足或过曝的情况。而由于需风量的基数中与进水氨氮浓度相关，使得风量能够得到更及时的响应。

3. 精确加药控制系统

针对污水处理厂污水处理全流程药剂粗放投加问题，在传统的自动化控制及监控体系基础上，运用多种人工智能算法进行工艺数据模型预测分析，给出最优化的运营策略，从而实现智能加药等能耗药耗优化，保障提标增效。

4. 高效沉淀池斜板清洗系统

高效沉淀池出水堰及过道下方的斜板为人工清洗盲区，在以往人站在池边对斜板进行冲洗时这些地方往往只能被冲洗到表层，斜板深处无法被冲洗彻底。通过技术改造，成功消除这些人工冲洗盲区，提高了斜板的清洗效率，使斜板的清洁程度得到更好的维持，有效地缓解了水力波动对出水水质的影响。

4.4 高标准建设关键技术

传统污水处理厂往往还存在管理落后、污泥处理耗能高以及臭气等问题。为了进一步优化污水处理厂，深圳水务集团通过建设智慧厂站体系、污泥低碳处理、臭气控制等手段，打造高标准、高效率、环境友好的现代化污水处理厂。

4.4.1 智慧厂站建设探索

污水处理厂的提标拓能和提质增效是持续支撑流域治理成效的重要抓手，在完成升级改造基础上，如何进一步实现厂站的高标准创优是厂站提标拓能的重要探索方向。

智慧厂站的建设和落地，一方面可实现优质高效管理，即在保证出水水质实时稳定达标的基础上，可实现人均生产效率的提升，降低人工劳动强度；一方面可降低成本：工艺智慧深度优化，实现精准曝气、精准投药，降低能耗、药耗，节省污水处理厂运营成本。鉴此，在深圳河流域治理的数字化探索过程中，积极推进智慧厂站的建设及运营，实现生产、运行、维护、调度和服务等全方位、全过程各环节高度信息互通、反应快捷、管理有序对实现厂站高标准运维意义重大。

1. 设定目标

截至 2020 年年底，全国有超过 8000 座净水厂和污水处理厂，这些净水厂/污水处理厂大部分已建成带有自动化系统及厂级监控系统，初步实现了对全厂生产过程及设备的生产自动化。但是总体来看，大部分净水厂/污水处理厂的自动化、信息化水平偏低，仍保持着传统的运营模式，存在以下问题：①设备环境不佳，故障率高、数据采集不准确；②控制过程人工干预高，缺乏可靠性；③粗放式管理，人力成本高，凭经验决策，能耗、药耗高等。在智慧水务迅速发展的当下，水务行业的建设运营面临高要求、高标准，有必要对净水厂/污水处理厂的信息化系统进行全面改造和建设，通过新技术手段实现无人值守智慧净水厂/污水处理厂，降低能耗、药耗、人力等各项成本，提升生产系统运行效率，实现智慧化运行、精细化管理。

1）建设高可靠运行、少人/无人值守和支持区域集中管理的污水处理厂自动化生产体系

通过覆盖全面的仪表、高可靠配置硬件、冗余控制逻辑和必要冗余设备及冗余网络、与视频安防等联动等技术方式，构建高可靠污水处理厂运行、少人/无人值守的全闭环自动化控制系统。同时，可支持在区域中心部署监控系统，实现对下属所有厂站的集中运行监控。

2）建设实现全生命周期的设备管理及维修保养体系

通过综合设备运行参数监测、设备在线诊断、设备智能评估、设备故障统计分析和预测预警（含视频智能预防等）、设备巡检工单（含预防性维护保养工单、整合生产巡检）等构建污水处理厂设备全生命周期管理体系。

3）建设敏捷反应、集中管控的运行管控体系

通过全流程全信息、三维全景方式的全渠道集成互联展示（电脑、移动终端和大屏幕等）、智能融合巡检、安防视频、故障报警及诊断、事件流程管理、污水处理厂运行工况、各业务 KPI 计算及各类统计分析报表等，构建具有统一的数据资源、业务集中管控的污水处理厂运营管控软件平台。

4）建设节能降耗、高效运行的智慧应用体系

基于污水处理厂运营管理平台的数据资源与能力，与运营调度平台及污水处理厂自动化控制系统互联互通及联动，构建风险预判及处置、故障原因分析、能源优化利用、精细化加药控制、精确曝气控制和绩效评估等的智慧应用，在保障出水水质优良稳定的情况下实现污水处理厂运行节能降耗，优化管理，提升效益。

5）建设保障污水处理厂运行的安全管理体系

通过整合电子门禁、视频监控、电子围栏和环境监测等构建环境与人员安全管理体系；应用网络安全技术（工控网络隔离、入侵检测等）、软件安全技术（用户认证、权限控制、日志与审计等）等构建污水处理厂信息安全保障体系。

2. 确定原则

1）安全性原则：关注各环节安全因素，建立安全体系，健全安全处理策略。

2）可靠性原则：技术路线和设备选型均以连续可靠运行为基础，重要节点应设置冗余，重要数据应备份。

3) 实用性原则：以需求为导向，注重实效，坚持实用，提高性价比，节约投资。

4) 先进性原则：充分采用符合行业发展方向、有长期使用价值、符合未来发展趋势的新技术。

5) 开放性原则：采用开放性结构，建设符合行业标准、紧密围绕污水处理厂业务需求、可全面融入集团智慧水务的建设体系。

3. 构建思路

智慧污水处理厂的建设思路按照三部分推进，包括一体化运营管理平台部署、设备设施自动化提升和智能工艺控制，以及数字化视频及安防等，详见图4.1所示。

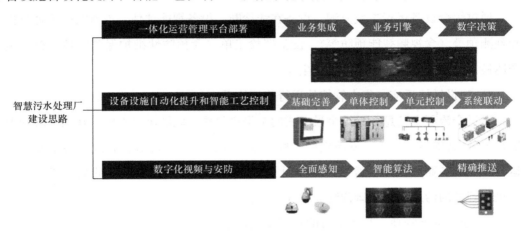

图 4.1　智慧污水处理厂建设思路

在三部分中，一体化运营管理平台的建设是运营管理的基础，建设按照业务集成、业务引擎和数字决策的步骤逐一推进；设备设施自动化提升和智能工艺控制是资产管理的基础，拟分别按照基础完善、单体控制、单元控制和系统联动的路径逐项实施；数字化视频与安防是无人/少人值守的基础，将按照全面感知、智能算法和精准推送的步骤建设。

4. 搭建架构

智慧污水处理厂总体架构分为四层，分别是数据访问层、基础平台层、业务逻辑层及表示层，如图4.2所示。

1) 数据访问层：提供各种信息数据来源的主要入口，包含对厂站内各种设备、在线仪表、传感器、摄像头及其他（RFID、设备二维码标牌等）数据采集。

2) 基础平台层：应包括硬件服务器、网络、存储、网络安全设施、容灾系统、

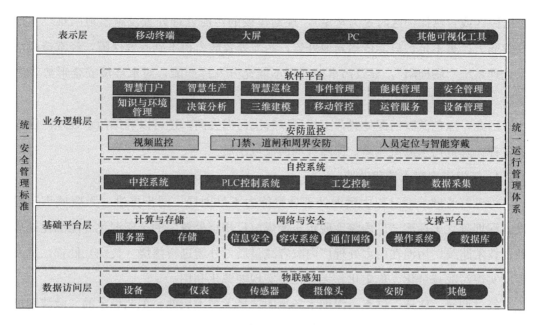

图4.2 智慧污水处理厂技术架构图

操作系统等支撑平台的高效运行。

3) 业务逻辑层：包括自控系统、安防监控及软件平台。自控系统提供稳定可靠的控制策略。先进的自动化控制系统应根据污水处理厂工艺区别提供针对性的工艺控制、PLC控制系统、中控系统等控制策略及系统服务。安防监控包括视频监控、门禁、道闸和周界安防、人员定位与智能穿戴等应用。软件平台包括智慧门户、智慧生产、智慧巡检、事件管理、能耗管理、安全管理、知识与环境管理、决策分析、三维建模、移动管控、运管服务及设备管理等系统应用。

4) 表示层：应提供多种展现方式，包括PC、手机、大屏等。

4.4.2 污泥绿色低碳处置

污泥处置是水污染全流域全要素治理体系的最后一环。污水变污泥，污染大转移，污水中的污染物最终进入到污泥当中。但是，受土地资源和环境承载能力影响，以及"邻避效应"（邻避效应是指在特定情况下，当地居民或其他利益相关者因为担心新建公共设施会给他们的生活质量、环境健康或财产价值带来负面影响，从而产生的强烈的反对或抗拒态度。这种现象通常表现为集体反对甚至抗争行为，尤其是在涉及居民区或自然保护区时更为常见)，规划建设的污泥处理处置设施落地困难，本地处置能力严重不足，只能依赖异地处置，污泥处置能力得不到有效保障，经常造成污水处理系统"肠梗阻"，导致污水处理厂不能充分发挥产能，对水环境安全形势带来威胁。

因此，绿色低碳污泥处置，不但可以解决污泥去向，还可以确保污水处理产能充分发挥，降低污水溢流风险，保障深圳河流域水质。

1. 污泥深度脱水流程改造

为破解流域治理过程中污泥处理处置能力不足困局，同步推进"无废城市"建设，深圳确立了污泥"厂内深度脱水＋燃煤电厂掺烧处置"的全资源化、能源化处置技术路线，污泥在污水处理厂内减容减量后，外运进行掺烧（焚烧）处置，最大程度实现污泥减量化、稳定化、无害化，实现能源化利用。

经过调研、比选、试点，深圳水务集团选择了技术成熟、工艺稳定的"微波调理＋板框压滤""板框压滤＋低温冷凝干化""板框压滤＋低温快速干化"三个工艺，通过先试点、后推广的方式实施厂内污泥深度脱水，将污泥含水量从常规的80%降至40%以下。

2. 污泥耦合掺烧协同处置

围绕污泥耦合掺烧的目标，建成了全球最大的污泥耦合掺烧全量处置工程。在燃煤电厂内建设污泥协同处置设施，建成了每日可处理6000t污泥（含水率80%）的华润海丰电厂掺烧设施。该电厂采用燃煤污泥耦合掺烧发电技术，即将经污水处理厂产生的市政污泥与电厂燃煤按照一定比例混合后送入锅炉焚烧，利用电厂锅炉高温对污泥进行分解无害化处置，并充分利用污泥热值，产生清洁的电能与热能对外供应，而污泥中不可燃的成分，经无害化高温处置后产生灰渣，可以循环利用生产水泥等建筑材料，实现污泥全量资源化利用。

4.4.3 高标准臭气控制

污水处理厂臭气问题是"邻避效应"关注重点内容，因此探索有效控制污水处理厂臭气问题，达到厂站周边人感无臭的目标，对于推动由"邻避"向"邻喜"转变具有重大的现实意义。在深圳河流域一体化治理期间，对于如何实现厂站的高标准臭气控制，开展了有效的探索和实践，实施的关键措施有以下几点：

1）臭源全封闭、封闭全负压

封闭是指对产生致臭气体的臭气源进行加罩或者加盖处理，通过收集风管将臭气源产生的臭气输送到除臭装置进行处理。对任何一个高效的恶臭控制和处理系统而言，臭气源封闭都是一个关键要素。因此为了对臭气进行有效收集，提高除臭系统的有效利用率，必须对敞开的臭源进行密封。本项目准确识别所有臭气源，对预处理及污泥脱水设备等重点区进行封闭，通过厂—车间—臭源三重封闭，实现全厂臭源全封闭，并且臭源封闭空间 6 次以上抽风换气，实现封闭全负压，臭气无外溢。

2）臭气高效收集

臭气收集采用点式负压抽风，全覆盖收集臭气，厂区臭气气流方向为"由外至内"。所有吸风口由支管汇入干管后（采用斜三通汇入），再经后置式除臭风机负压一并吸入除臭装置。在设计中还通过流体力学计算和场流模拟联合指导设计和施工，确保臭气全方位的收集。

3）臭气协同处理

收集后的气体按臭气浓度和臭气种类等进行分质分区，将其分为预处理区、生化区、污泥高浓度区、污泥中浓度区等，针对性地采用多种成熟技术多级协同处理，包括喷淋洗涤、光催化氧化、生物滤池、干式过滤和活性炭吸附等，确保满足现行国家标准要求。同时设计足够的富余量，可全时段、全工况保证臭气的达标处理。以生物滤池为主体，合理配合其他除臭净化工艺，对臭气的去除率达 99% 以上。送风、排风、除臭三位一体设计，释放负离子，车间地下空间也无不适感，车间平均气流 1.5m/s 风速。

4）尾气排放

净化处理后的气体经过专门设置排放烟筒高空排放，排放烟筒辅以景观去工业化设计（图 4.3），并配合除臭风速设计，使得尾气以最快速度、最大程度扩散，确保周边无异味，且满足区域大气环境质量功能区要求。

排放的尾气经扩散作用，尾气浓度比排放标准限值低 3 个数量级以上。项目建成后，居民不会感受到异味，更不会对人体健康与环境造成负面影响。

图 4.3　深圳市洪湖厂尾气排气筒现状（框内为尾气排放塔）

4.5　典型案例及成效

4.5.1　水质提升案例（鹿丹村调蓄池）

调蓄池作为水环境综合治理的中间调节设施，在旱、雨季时弹性蓄水，合理调度减轻排水区间洪峰压力，有效保障城市排水处理系统运行达标。优化改造调蓄池，为海绵城市建设和水环境综合整治提供新思路，提升城市给水排水系统功能和降低城市水环境和水安全风险。鉴此，深圳河流域打造了国内第一座增设污水处理功能的调蓄池——鹿丹村调蓄池。

1. 基本概况

鹿丹村调蓄池是深圳市布吉河（特区内）水环境综合整治工程的收尾工程，位于深圳河口右岸，东临鹿丹村小区，西临深圳市滨河污水处理厂，北临滨河路，设计占地 2.528hm²。鹿丹村调蓄池原设计总容积为 9 万 m³，工程总投资约 3.9 亿元。

调蓄池原设计规模考虑旱季规模和雨季规模，旱季来水分为三部分：第一部分为深圳布吉河沿河截污箱涵收集的旱季污水，第二部分为笋岗片区转输污水，第三部分为滨河厂来水量高峰多于设计规模时溢流的污水量。调蓄池旱季总来水量 3 万 m^3/d；雨季来水为沿河截污箱涵收集的截流倍数 $N=2$ 的混流污水。经调研核算该片区污水量为 14.42 万 m^3/d，雨季需截污量为 3 倍污水量即 43.26 万 m^3/d。目前其他已建、在建工程截污量为 14 万 m^3/d，按照一般降雨历时 3～3.5h，调蓄池设计总容积为 9 万 m^3。鹿丹村调蓄池原设计工艺流程图如图 4.4 所示。

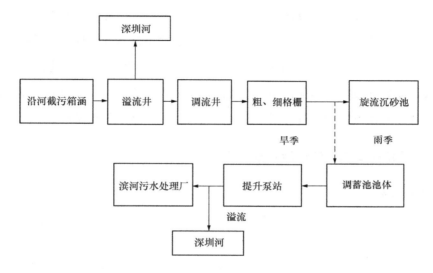

图 4.4　鹿丹村调蓄池原设计工艺流程图

2. 主要措施

结合现状调蓄池三条廊道池型，鹿丹村调蓄池改造项目将调蓄池改造成三沟式氧化沟工艺。三沟式氧化沟是氧化沟的一种典型构造，该工艺源于丹麦，在间歇式氧化沟基础上将曝气、沉淀工序集为一体，按时间顺序交替轮换运行，各阶段运行周期可根据处理水质进行灵活调整，实际运行仍为连续流活性污泥法。该工艺流程简单，操作灵活方便，无需另设一次、二次沉淀池及污泥回流装置，使基建投资和运行费用大为降低。结合现有调蓄池构造，无须另外增加基建，三沟式氧化沟工艺是满足本项目技术和经济的最优工艺。

通过在现状负二层调蓄池增加搅拌、推流、曝气设施和出水调节堰门，调整负二层导流墙，廊道互通，在保留原有调蓄功能的基础上，增加水处理功能。工艺分六个阶段轮换进行。通常一个工作循环周期需 4～8h。在整个循环过程中，中间沟始终处于好氧状态，而外侧两沟中的转刷则处于交替运行状态。当转刷低速运转时，进行反稍化过程；转刷高速运转时，进行硝化过程；而转刷停止运转时，氧化沟起沉淀池作用。通过调整各阶段的运行时间，可达到不同的处理效果，以适应水质、水量的变化。本项目工艺根据具体的水质、水量，预先拟定各阶段的运行时间，编入运行管理的计算机程序中，整个管理过程运行灵活、操作方便[20]。

3. 取得成效

鹿丹村调蓄池优化升级改造项目，充分利用现有资源，在保留原有调蓄功能的基础上增加水质净化功能，且后续可根据管网调度需要灵活切换使用。雨季提供调蓄容积 9 万 m^3，在原污水和初期雨水调蓄功能的基础上，增加了三沟氧化沟工艺，并配套除臭及污泥处理设施。本项目相比传统的污水处理厂改扩建。因地制宜制定改造措施，不仅降低基建投资和运行费用，而且优化升级了城市水处理系统。

4.5.2 高效拓能案例（滨河污水处理厂）

1. 基本概况

滨河污水处理厂是深圳市最早建成的市政污水处理厂，服务罗湖区西部和福田区东部约 27.5km^2 的区域，服务人口约 100 万人，设计总处理规模 30 万 m^3/d。在整个污水系统满负荷运行的现实约束下（出水标准见表 4.2），滨河污水处理厂从技术改造及运行优化角度深挖产能，需要在不停产情况下完成提标工作。

滨河污水处理厂现执行出水水质表（单位：mg/L） 表 4.2

项目	COD_{Cr}	BOD_5	SS	NH_3-N	TN	TP
原设计出水水质	50	10	10	5	15	0.5
出水水质标准	40	10	10	2	15	0.4

结合实际情况，滨河污水处理厂提标改造的难点主要有以下几方面：

1）跑泥问题

一是氧化沟和二沉池设计问题。原有氧化沟采用浅沟型 T 型氧化沟，池深较浅，日常污泥浓度只能在 2000mg/L 以内，二沉池并排布置，共 24 组。由于进水、出水均配水不均，如遇污泥浓度过高或沉降性能下降，二沉池极易跑泥，从而导致后续微絮凝过滤工艺应对乏力，出水水质无法保障，严重制约产能提升。另外，二沉池出水堰为固定端不可调，无法将出水堰调整至同一高程。

二是污泥外运问题。受外部因素影响，该厂污泥沉降性能较差，SVI指标长期超过设计推荐最高的120mL/g。一旦污泥外运出现异常，系统污泥浓度上升，将导致SV30指标偏高，AAO二沉池跑泥问题凸显，产能严重受限。2017年上半年由于污泥外运持续受限，生物池系统污泥浓度偏高，水力负荷率不足50%，详细情况见表4.3。

系统污泥浓度、处理水量、出水水质数据　　　　　　　　　　表4.3

项目		SV30（%）	SVI（mL/g）	水量（万 m³/d）	AAO二沉池出水水质（mg/L）			
					COD	SS	氨氮	总磷
A²/O 生物池	2017上半年	85	144	8.10	30.8	19	1.06	0.97
	2017年7月	61	137	15.02	19.6	7	2.66	0.38
	2017年8月	44	118	17.03	19.6	8	1.84	0.26
	2017年9月	55	148	16.50	16.5	8	0.93	0.24
	2017年10~12月	81	172	14.13	25.6	11	0.96	0.44

2）氧化沟曝气系统问题

氧化沟系统已运行20年，设计建设较早且出水标准较低，曝气系统存在较多问题，实际出水水质无法独立达到一级A。如表4.4所示，2017全年仅在8月15日~9月11日期间，氧化沟出水氨氮才可达到水质需求。

2017年氧化沟系统处理水量、出水水质数据统计　　　　　　表4.4

项目		MLSS（mg/L）	水量（万 m³/d）	氧化沟进水水质（mg/L）		氧化沟出水水质（mg/L）	
				氨氮	总磷	氨氮	总磷
氧化沟	2017年1~7月	1520	17.17	27.29	6.41	10.26	0.78
	2017年8月15日~9月11日	1481	12.39	21.53	4.03	0.84	0.63
	2017年9~12月	1808	13.56	—	5.14	4.81	0.50

2. 主要措施

针对以上问题和难点，滨河污水处理厂为力争达到地表水Ⅳ类标准（氨氮不超过2.0mg/L、总磷不超过0.4mg/L），着力从污泥保障、加药系统优化、氧化沟曝气充氧环节等方面进行优化。

1) 全力保障污泥生产及外运顺畅

针对跑泥问题,重点对污泥浓度进行控制,在保证除磷需加大投药量的情况下,加强保障污泥外运,对离心机做好维护保养工作。作为污泥生产备用设施,污泥采用小车外运的方式,应对特区内交通限行问题。

2) 二沉池运行优化

针对二沉池跑泥问题,在每格二沉池中段安装竖向隔板,防止二沉池内部发生短流,同时降低水平流速,防止水流对沉淀区的扰动,另外可以起到对泥区和水区适当隔离的作用,尽量将污泥阻隔在二沉池前段,降低二沉池后段尤其是出水端的负荷。针对出水堰不平整问题,将现状固定式出水堰改为可调节式,改善各二沉池负荷分配和出水流态。为更好地实时监控各个二沉池的泥位情况,及时对生产做出调整,在每个二沉池加装泥位计,并接入中控系统。

3) 加药系统优化

模拟高密度沉淀池运行模式,在二沉池进水前端联合投加 PAC 和阴离子 PAM 两种药剂,提高污泥沉降性能、压低二沉池泥水界面。根据化验室实验结果,污泥沉降比 SV30 可以从 92% 降至 50% 左右,提高污泥沉降性能。

4) 氧化沟曝气系统优化

在污泥外运处置正常和氧化沟现状处理规模不变的情况下,按照出水氨氮≤2mg/L 反算氧化沟的曝气充氧量需增加 $967.085 kgO_2/h$,即至少运行 3 台鼓风机补充供氧。主要对配气系统进行改造:废除现状氧化沟已经严重老化破损的穿孔管曝气,更换为氧传递效率更高的微孔曝气;通过设置悬挂式管式曝气器来降低污水处理厂的氨氮浓度。

5) 多点进水工艺优化

采用 Step-feed 工艺对二沉池进行水力学性能改进,雨季峰值流量期间二沉池水力负荷达到了 3m/h,处理能力实现超设计峰值运行能力,同时出水 BOD_5、SS、氨氮、总磷等指标达标。由于分点进水效应,使得生化池前端可以储存高浓度的污泥,在生化系统对 MLSS 不变甚至提高的情况下,可以降低二沉池进水 MLSS 浓度和固体负荷,进而可有效提升二沉池水力负荷。

3. 取得成效

通过采取系列适配措施，滨河污水处理厂提高了污水处理能力，处理能力增加 10 万 m^3/d，增加氨氮削减量约 2.5t/d，深圳河口氨氮浓度降低 1.67mg/L。提升出水水质，其中主要指标从一级 A 提高到地表水 V 类标准（氨氮≤2.0mg/L、总磷≤0.4mg/L），实现福田河、新洲河科学补水 3 万～4 万 m^3/d，快速改善深圳河口的水质。

4.5.3 智慧化改造案例（洪湖污水处理厂）

1. 基本概况

洪湖污水处理厂位于罗湖区洪湖公园北端，总规模为 10 万 m^3/d，主要服务罗湖区金稻田二线插花地片区、笋岗片区、清水河片区（南部）、泥岗片区（东部）、八卦岭片区（北部）等区域，并为洪湖公园和布吉河提供生态景观补水。洪湖污水处理厂采用"全地下式"双层框架结构，下层为生产厂区，上层地面为公园，占地约 3.24hm^2。

洪湖污水处理厂采用水处理行业先进的"AAO+MBR"工艺技术，出水水质良好，主要指标可以达到地表水 IV 类标准。水体的要求（TN≤15mg/L），远优于现行国家标准对污水处理厂出水的排放要求，且优于目前洪湖公园景观水体和布吉河的水质。尾水经管式紫外器消毒，达标后提升排入布吉河，部分水作为洪湖公园生态景观补水，可以改善水质环境，防止深圳河湾地区水域发黑发臭。在洪湖污水处理厂良好的工艺条件上，为进一步提升厂站的运营管理水平，对洪湖污水处理厂进行智慧化改造，并结合其全地下厂站的特点，运用 5G 网络切片技术，构建全国首个全地下 5G 智慧污水处理厂。

2. 主要措施

围绕安全、优质、高效和节约的目标，构建智慧水厂的相关核心功能。其中安全是指安全事件少，安全保障可量化、可溯源；优质是指水质更稳定；高效是指效率提升，流程更快，决策更科学；节约是指人均生产效率提高，能耗、药耗、自用水率降低，资产设备维护成本更低。在上述管理目标基础上，对厂站进行智慧化改造，主要从以下五个方面展开：

1）全工艺智能大脑

围绕厂站全流程构建涵盖精准曝气、内回流控制、碳源投加控制、化学除磷控制和污泥外排控制等多个模块在内的智能工艺大脑（图4.5）。该大脑通过环境工程、自动化控制和IT技术多领域知识的融合，建立智能工艺大脑，赋能生产工艺，减少人工干预、实现工艺稳定、节能降耗。

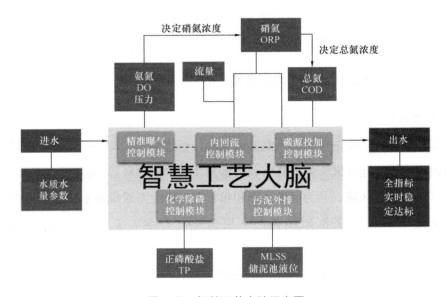

图4.5　智慧工艺大脑示意图

2）智能巡检

在5G网络覆盖下，通过巡检机器人、高清摄像头、各类传感器等底层感知设备将人工巡检所需检查事项采集到智慧水厂运营管控平台，并利用视频赋能平台对所采集的视频进行分析，判断现场情况，实现现场无人巡检的功能，满足区域化、集中化管理的要求。

3）智能安防

人员配备智能安全帽，结合蓝牙定位和覆盖全厂的5G网络，实现人员的精准定位和远程协助，并结合位置信息实现数据推送、厂区导航、照明亮度控制、通风风量控制等。

4）精确曝气

精确曝气控制模块根据进水流量、氨氮、硝氮进行逻辑计算，得出溶解氧的控制值，溶解氧控制模块根据溶解氧的实际值和目标值计算出需要风量并传输给风量控制模块，风量控制模块根据流量计和压力计的读数调整风机的工况和阀门的开度，控制供气量，实现按需供气（图4.6）。

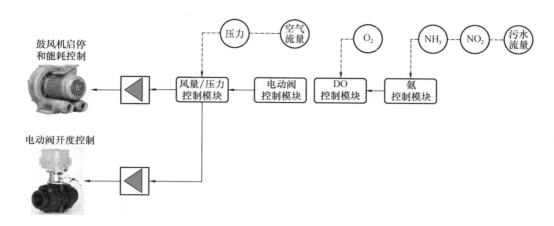

图 4.6　精准曝气控制示意图

5）关键设备预测性维护

在设备管理方面，通过使用自主开发的设备预测性维护系统（图 4.7），将原先"发现故障，处理故障"的传统设备管理模式转变为"防患于未然"的设备管理模式。

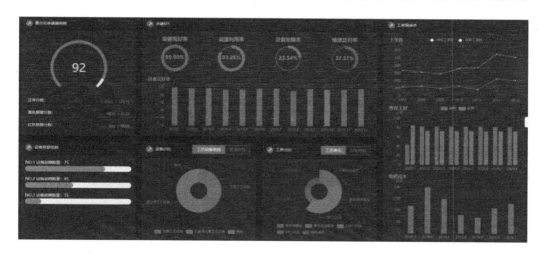

图 4.7　设备预测性维护系统

3. 取得成效

洪湖污水处理厂智慧化改造项目实现了水质处理智能化远控、联动数字孪生技术实现水厂视频巡检及单兵作业。与传统水厂建设对比，其数据采集率达 100%，预测准确度高于 97%，精确曝气系统能耗下降 10% 以上，成本节约降低 8% 以上，同时增加生产及巡检效率 20% 以上，具体成效如下：

1)安全:通过室内定位、视频巡检、机器人巡检、智能安全帽、视频分析,构建起了生产、设备、人/车全方位安防体系。

2)优质的水处理:打破原有各工艺环节控制分散的壁垒,利用高可靠的自动化控制系统以及工艺优化控制软件从进水到出水将污水处理的整个工艺段进行有机整合,协同有效控制各工艺段的运行参数,实现出水全指标实时稳定达标。

3)高效:集成了原先分散的各个系统,建设了一套支撑集中化运营的厂站管理系统,通过实时远程监控和集中远程视频巡检,可对厂区状态及时反应和处理,实现了全流程闭环控制,减少了人工干预,自动控制率、连续运转率、故障保护率均达到95%以上。

4)降本增效:在能耗与药耗方面,通过全流程智能化工艺控制,一改传统运营模式依赖人工经验的方式,实现了按需智能加药、精确曝气,降低了8%以上的电耗,每年可节省电费90.33万元(按上年度用电成本推算);在人力方面,通过智能巡检,运维人员从40人减少为14人,夜间无需人员值守,人均效率大幅提升。

4.5.4 高标准除臭案例(福田污水处理厂)

围绕新时期水污染治理及沿线基础设施的新要求,深圳河流域新建和改造污水处理厂按照污水处理、科普教育、休闲公园、工业旅游"四位一体"高标准建设,化"邻害"为"领利",拟推动其成为市民休闲娱乐场所。在此要求及背景下,福田污水处理厂围绕高标准除臭要求,开展污水处理厂除臭相关提标拓能行动,并取得显著成效,成为市民新晋网红打卡点。

1. 基本概况

福田污水处理厂处理规模40万 m^3/d,采用多段式AO工艺,出水执行《城镇污水处理厂污染物排放标准》GB 18918—2002 一级A标准,服务范围东起华强北路,西至侨城东路,北临二线关,南达深圳湾,总服务面积65.7 km^2。项目采用半地下结构形式,屋顶为8万 m^2 的可利用空间。该厂为首次在屋顶上盖建设足球主题公园的污水处理厂,足球公园为全亚洲最大的市区足球运动公园。提标拓能前存在的主要问题包括以下三方面:

1)环境高度敏感

公园与厂零缓冲距离。福田污水处理厂地处福田核心区,上盖公园即为环境敏感区，周边 500m 范围内包含深圳湾公园、红树林保护区、福田汽车站、深圳地铁人才公园、车公庙商务区等，臭气一旦外泄或处理不彻底，将会扰民。

2）存在"达标扰民"的问题

即便臭气污染物经处理后符合现行国家标准，但依然高于人的嗅阈值。福田污水处理厂每小时产生 35 万 m^3 臭气量，是重大的污染源。须做到臭气源全控制、臭气全收集、处理全达标，并且要考虑最大程度减少尾气对周边环境影响。

3）去工业化除臭要求

上盖公园建成后，市民更希望去除污水处理厂的原有属性，臭气治理的同时要考虑去工业化，创造与周边环境的高度融合。

2. 主要措施

福田区政府拟在上盖空间建成滨海体育公园，关键要解决污水处理厂臭气问题，为确保达到"人感无臭"要求，采用了以下措施：

1）科学分区、精准施策

根据臭气的组分、浓度，将全厂划分为三个臭气控制区，预处理区、生化区和污泥区，采用分质分区的臭气控制策略，相应制定了臭气处理技术路线。对于高硫化氢的预处理区臭气，采用化学中和＋生物过滤＋高级氧化工艺；针对低浓度的生化区臭气，采用生物过滤＋高级氧化工艺；针对复杂组分的污泥臭气，采用生物滤池＋化学氧化＋高级氧化＋活性炭吸附处理工艺。

2）基于 CFD 模拟的精准臭气收集

污水处理厂自污水流入生产单元，随即开始释放臭气，格栅、栅渣、沉砂池、初沉池、生化池、污泥池、污泥处理车间、污泥料仓等工艺单元都是臭气源，用改进后的 CFD 流态模拟，对全管路系统进行验算，逐一验算每个吸风口、每段直管、每个汇合点、每个弯头。在对共计 7.67km 臭气收集管路、514 处吸风口、532 个调节风阀、686 个弯头风损如此复杂的管路系统精确计算后，做到了臭气的管路平衡，将臭气精准收集至臭气处理设备，实现臭气全收集。

3）多协同的超净排放的臭气处理技术

采用针对性的化学吸收、生物过滤、臭氧氧化、紫外光解和活性炭吸附协同处理工艺，将难处理的硫化氢、三甲胺、甲硫醇等臭气污染物精细降解，处理效率超过 99.2%，实现超净排放，主要污染物硫化氢浓度低于 12μg/L。处理后上盖公园、厂内主要参观区域、污水处理厂周界的主要臭气污染物浓度满足《城镇污水处理厂污染物排放标准》GB 18918—2002 中的一级 A 标准。

4）全流程的臭气源多屏障密闭

根据污水处理设备、污水构筑物的操作要求因地制宜制作了 5500m² 的耐腐蚀透明密闭盖，形成了第一道密闭罩、第二道防护罩，甚至第三道车间级封闭，确保臭气一直处于负压收集状态，不会溢散到外界。

5）尾气排放的分散及隐蔽处理

模仿深圳机场的空调散流器，将上盖体育公园四周边缘的屋檐作为排放通道，设计了 600 个散流器，将处理后的尾气通过散流器分散排放，最大程度降低了尾气对上盖公园的影响。

3. 取得成效

福田污水处理厂通过臭气治理，进行高标准除臭，水气共治，碧水和蓝天携手并行，创造性将上盖 8 万 m² 的空间改造为体育公园，实现市民休闲区和市政公用设施有机结合，创造了特色网红打卡点，真正将"邻避效应"转变为"邻利效应"，对于城市密集建成区进行土地综合利用具有非常积极的指导意义。

第 5 章　河(湖)分段分片治理策略及成效

5.1　必要性和重要性

深圳河水环境承载力极其脆弱,清洁激流较少,且具有明显的雨源型特征。降雨时,河水陡涨陡落,无法蓄水;旱季时,径流很小,没有清洁水源补充,河流自净能力非常有限,水环境承载力极其脆弱。目前,深圳河流域管网属于截流式不完全分流制排水系统,在源头混流或合流制管道中设置截污设施。目前流域内共有点截污 631 个、高位溢流 165 个,福田河、沙湾河等 9 条河流设置了沿河截污系统,笔架山暗涵、罗雨干渠等 35 个暗涵设置了总口截污。大量的截污导致大量山水、雨水等进入污水处理厂,挤占了污水的管网空间,造成污染物雨季溢流入河。

深圳湾海域污染问题复杂,除了传统的点源和面源污染问题,还有湾区环境容量不足、水动力条件较差、淤积严重、生态敏感区域较多等众多问题。长期以来深圳河湾流域的水污染治理工作均重在"治河",陆海系统治理体系不够健全。

5.2　总体方案及目标

基于深圳河湾流域特征,将干流与支流、主要污染物排口结合,将河流分段对应岸上系统分片治理。按照以河口断面水质为总体目标,细化沿线污水处理厂出水目标以及管网关键点液位目标,逐项逐点明确每个关键点的目标是否科学合理、切实可行,如可行则统筹为整体工作方案,如不可行则逐一科学论证,优化调整后纳入总体工作方案,具体工作路线见图 5.1。

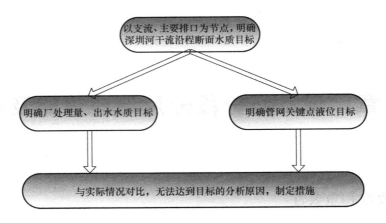

图 5.1 河流分段治理工作路线

5.3 分段分片治理技术及举措

5.3.1 沿程干流断面监控

1. 断面选取

以深圳河干流为研究对象,重点观测干流沿程中滨河、福田、罗芳污水处理厂排放口、一级支流口、暗涵排放口对河流水质的影响,依照这一标准,选择了水库排洪河河口、三叉河河口、文锦渡、罗湖桥、渔民村、鹿丹村、上步码头、福田口岸、桃花路、布吉河口、福田河河口为主要检测对象(表 5.1)。

深圳河沿程水质监测断面清单　　　　表 5.1

序号	沿程断面	选取依据	水质目标
1	水库排洪河河口	观测激流背景值	与深圳河口水质目标一致
2	三叉河河口	观测沙湾河影响	
3	文锦渡	观测文锦渠影响	
4	罗湖桥	观测香港侧梧桐河影响	
5	渔民村	观测罗芳污水处理厂尾水影响	
6	鹿丹村	观测红岭箱涵影响	
7	上步码头	观测滨河污水处理厂尾水影响	
8	福田口岸	观测福田河口泵站影响	
9	桃花路	观测皇岗河暗涵影响	
10	布吉河口	观测布吉河支流影响	
11	福田河口	观测福田河支流影响	

由于深圳河水环境容量很小，为确定河口水质达标的总体目标，在水质水力模型尚不成熟的情况下，沿程断面水质按照以深圳河口水质一致的原则确定目标是当下最适合的方式。

2. 人工检测

人工化验数据是评价、管理和保护水环境的重要依据，对于水质状况评估、污染源追踪和促进水环境可持续发展具有重要意义。深圳河湾流域是以一周一测的频次对流域内重要支流、交叉断面进行采样检测，具体指标包括流速、透明度、溶解氧、化学需氧量、氨氮、总磷、氟化物、阴离子表面活性剂、氧化还原电位、盐度，个别采样点还检测总氮。具体应用包括水质类别分析、沿程断面水质分析、断面水质排行、优良河长占比分析等。

3. 在线监测

在线监测数据可以实时、准确地反映水环境状况，为水质管理、污染源追踪等方面提供有力支持。随着在线监测技术的不断发展，监测数据的准确性和频次大幅提升，针对当地水质特征，常用的监测指标包括流速、流量、pH、浑浊度、高锰酸盐指数、氨氮、总磷、电导率、溶解氧、总氮，监测频次根据监测方法的不同在 1～4h。具体应用包括实时监测和预警，及时发现水质异常或污染事件；连续的监测数据有助于研究水体生态系统和环境变化规律；通过分析不同监测点的数据变化和关联性，可以确定污染物的来源和传播路径，为污染治理提供有力依据。

5.3.2 沿线厂网设施管控

1. "一厂一策"处理能力管控

河流干流断面能否达标受沿线污水处理厂处理能力影响。一般情况下，污水处理厂尾水仅满足排污许可要求，深圳河干流沿程断面目标无法达到要求。因此，需进一步确定污水处理厂尾水可达、有效的目标是深圳河治理的关键措施。

根据断面水质目标，结合深圳河流域各污水处理厂处理规模、工艺、实际运行情况、设备设施状况，"一厂一策"科学研判污水处理厂尾水实际可达目标，明确污水处理厂设计标准、水质目标及水量目标（表5.2）。

深圳河湾流域各厂设计标准、水质目标及水量目标　　　表5.2

序号	厂名	设计标准	水质目标	水量目标
1	罗芳污水处理	规模：40万 m³/d 氨氮：1.5mg/L 总磷：0.3mg/L	氨氮：0.8mg/L 总磷：0.3mg/L	时处理能力：21667m³/h
2	滨河污水处理	规模：30万 m³/d 氨氮：5mg/L 总磷：0.5mg/L	氨氮：1.0mg/L 总磷：0.3mg/L	时处理能力：16250m³/h
3	福田污水处理	规模：40万 m³/d 氨氮：5mg/L 总磷：0.5mg/L	氨氮：2.0mg/L 总磷：0.4mg/L	时处理能力：21667m³/h
4	布吉污水处理一期	规模：20万 m³/d 氨氮：2mg/L 总磷：0.4mg/L	氨氮：1.0mg/L 总磷：0.4mg/L	时处理能力：10833m³/h
5	布吉污水处理二期	规模：5万 m³/d 氨氮：2mg/L 总磷：0.4mg/L	氨氮：0.8mg/L 总磷：0.3mg/L	时处理能力：2708m³/h
6	埔地吓污水处理一期	规模：5万 m³/d 氨氮：1.5mg/L 总磷：0.3mg/L	氨氮：1.0mg/L 总磷：0.4mg/L	时处理能力：2708m³/h
7	埔地吓污水处理二期	规模：5万 m³/d 氨氮：1.5mg/L 总磷：0.3mg/L	氨氮：0.8mg/L 总磷：0.3mg/L	时处理能力：2708m³/h

2. 管网关键点液位管控

在仅关注污水处理厂泵站液位的基础上，进一步关注主要泵站、关键管网点位液位情况。以罗芳污水处理厂服务范围为例，针对厂内泵坑制定报警液位后，上溯至北斗泵站、东门泵站、深南文锦冒溢点、水库排洪河 K20 堰门（表5.3）。

罗芳污水处理厂服务范围点位报警液位表　　　表5.3

序号	点位	报警液位（m）
1	厂内泵坑	5.1
2	北斗泵站	3.7
3	东门泵站	6.6
4	深南文锦冒溢点	1.2
5	水库排洪河 K20 堰门	1.8

5.3.3 跨区域支流水质管控方法

在明确河流、厂站运行目标并经每日监测、复盘研判后,进一步分析依然无法达到水质要求的断面,制定跨区域支流水质管控方式。经过分析,深圳河一级支流布吉河、沙湾河支流水质达标困难,仅通过厂拓能、管网提质增效难以快速解决问题,针对这一情况,结合实际情况,制定相应的措施。具体见 5.4 节典型案例及成效。

5.3.4 河(湖)原位生态修复

针对深圳河感潮型和内源型的特点,除河湖沿线的管控和治理措施外,同步积极探索对河(湖)的原位治理,并以内湖为试点系统开展原位水质改善,包括:①加强内外循环,根据流体动力学原理,利用外来补水或物理措施消除死水区,改善湖体水利循环状况;②强化"生态活水",通过创建活水微生态系统,并借助微速循环流水的载体作用,使水体快速复氧,实现持续高效净化;③辅助净水提质,湖区附近增设水质提升设施,在暴雨或极端情况下,利用水质净化设施对内湖水质进行循环再生提质,支撑保障河(湖)在极端情况下的自净能力。

5.4 典型案例及成效

5.4.1 布吉河水质管控

1. 基本情况

布吉河是深圳河的一级支流,河道总长 9.77km,其中龙岗区境内 2.76km,流域面积 33km^2。龙岗境内,明渠河道长 1.4km,暗渠河道长 1.36km。

2. 存在问题

共有布吉一厂、二厂两座污水处理厂,处理规模 25 万 m^3/d。服务片区旱季污水量约 24 万~25 万 m^3/d。受限于现状污水设施处理能力不足,高峰期布吉河沿河多处污水溢流,仍需在主河道设置叠梁闸进行总口截污,无法实现消黑及地表水Ⅴ类达标要求,具体存在以下三个问题:

一是峰值能力缺口。布吉一厂、二厂设计处理规模为 25 万 m^3/d,设计变化系数为 1.3。服务片区存在明显的"人口潮汐"现象，高峰期用水时变化系数接近 1.4，现状污水处理能力仅能与日均污水量匹配，高峰期处理缺口预计高达 2000m^3/h。溢流污水由布吉河沿河截污系统进入主河道并与基流形成混流污水，又通过叠梁闸总口截流进入布吉一厂，该总口处氨氮浓度部分时段超过 30mg/L，一旦出现溢流，每万吨溢流污水将导致深圳河口氨氮上升 0.2mg/L。

二是受污泥外运受限、渗滤液协同处理等问题困扰，能力缺口加剧。布吉一厂、二厂污泥浓度高达 15000mg/L、10000mg/L，超过设计标准 1 倍，还同时承接了近 200m^3/d 下坪填埋场垃圾渗滤液处理，导致两厂合计峰值能力不足 1 万 m^3/h，仅达到设计规模的 0.94。

三是来水含沙量偏大，突发性减停产频发。2017 年年底之前，布吉一厂 85% 来水通过河道沉砂池（兼调蓄池）、河道取水管（DN1500×2）和厂外粗格栅进水，泥沙、垃圾可以在厂外拦截。后布吉河（龙岗段）综合整治工程为实现布吉河干流消黑，在三条支流水径水、塘径水、大芬水设置了总口截污，将污水转输至现状市政管网，最终汇入主干管（DN2000）。目前超过 95% 来水直接通过该管路进厂，未经厂外粗格栅进行预处理，导致大体积垃圾无法得到有效拦截，厂内预处理段故障频发，严重时需全厂停产抢修。

3. 主要措施

1）分流高峰期污水至罗芳污水处理厂

洪湖截污泵站设计规模 5 万 m^3/d，共 4 台提升泵，旱季提升量 4 万～5 万 m^3/d，最大提升量 6 万 m^3/d，高峰期运行三台水泵，还可接纳 1500m^3/h 污水。罗芳污水处理厂现状峰值处理需求 13000m^3/h，负荷率低于 80%，可全量接纳洪湖泵站新增污水。

2）实施布吉一厂厂外粗格栅改造

加快推进原厂外粗格栅改造，使 DN2000 进水管来水经粗格栅预处理，减少中格栅、细格栅堵塞风险。

3）强化设施运行保障

措施一：加大布吉一厂的污泥外运量，即日起确保外运量不低于 250 m^3/d。近期采取污泥临时深度脱水措施，填补离心污泥外运缺口。同时，加快推进污泥深度脱水工程建设，从根本上解决污泥外运受阻问题。

措施二：加大预处理段设备设施维修保养力度，提高曝气沉砂池排砂泵能力，同时加强关键设备的备品备件储备。如遇紧急情况，加大抢修力度，缩短抢修时间。

措施三：加强垃圾渗滤液投加管理，并增设垃圾渗滤液投加装置，优化投加点位，确保垃圾渗滤液均匀投加，减少对布吉二厂出水水质的冲击，使布吉二厂尽快恢复满负荷运行。

5.4.2 沙湾河水质管控

1. 基本情况

沙湾河是深圳河的一级支流，河道总长14.08km，其中龙岗区境内4.48km，流域面积24.6km²。

2. 存在问题

共有埔地吓一厂、二厂两座污水处理厂及三座临时处理设施，处理规模13.6万m³/d。服务片区旱季污水量11万m³/d。目前沙湾河各支流普遍达到消除黑臭要求，但主河道水质仍无法稳定达到地表水Ⅴ类，原因有以下两点：

一是沿河截污工程不彻底，存在污水漏排。李朗河、白泥坑河沿河截污工程已基本完工，但因截污工程不彻底，仍存在少量污水漏排情况，使得李朗河、白泥坑河道氨氮浓度仍高于2mg/L，无法实现上游截污总口塌坝运行。

二是设施能力不足。埔地吓一厂因离心污泥配额不足，污泥浓度高达10000mg/L，超过设计标准1倍，实际运行无法达到设计峰值系数。埔地吓二厂处理工艺为MBR，其峰值系数仅为1.1。

上述问题导致埔地吓一厂、二厂合计处理能力约为9万m³/d，较片区旱季污水量缺口2万m³/d，高峰期问题更加凸显。虽余量污水暂时可通过沙湾泵站临时设施处理，但临时设施不具备氨氮去除能力。

3. 主要措施

1）完善李朗河、白泥坑河沿河截污工程

完善李朗河、白泥坑河沿河截污工程效果，确保无污水漏排入河，实现李朗河、白泥坑河上游总口截污塌坝，河道氨氮浓度不高于2mg/L，总磷浓度不高于0.4mg/L。

2）加强南岭泵站调度

埔地吓一厂、二厂前汇合井设置液位计与南岭泵站联动,当液位在38.7m(考虑0.5m的调度空间,该水位应根据现场运行情况适当调整)时,南岭泵站停开一台水泵,通过变频调节,减少南岭泵站的来水量。高峰期污水优先进泵站调蓄池调蓄(2万m^3),实现错峰排放。

3) 强化设施运行保障

措施一:加大埔地吓一厂的污泥外运量,确保外运量不低于120m^3/d,确保埔地吓一厂能达到峰值处理能力。加快推进污泥深度脱水工程建设,从根本上解决污泥外运受阻问题。

措施二:加强对沙湾泵站临时处理设施的运行监管,在非雨天减量提质,尽可能降低出水氨氮浓度,削减入河污染物量。封堵沙湾泵站临时处理设施进水截污管与溢流管连接通道。同时,加快推进该设施提标改造,将规模由2万m^3/d降低至1万m^3/d,优化出水氨氮、总磷浓度至地表水Ⅴ类标准。

5.4.3 荔枝湖水质管控

1. 基本概况

荔枝湖是深圳市最早建成的市政公园——荔枝公园园内的人工景观湖,湖面面积10.91万m^2,主要由东、西、南、北湖组成,有效水深0.5~1.5m,蓄水量约为11万m^3。荔枝湖东接蔡屋围金融区,南邻深圳市的地标(邓小平画像),西靠深圳市委,北连少儿图书馆,日均入园人数超万人,是深圳市民文化交流、休闲娱乐的重要场所。但近年来深圳市的高速发展和高强度开发,使得荔枝湖环境容量不足,从而引发了环境问题。晴天,荔枝湖湖水浑浊发臭,藻类暴发,透明度差;雨天,上游的溢流污水直接冲刷入湖,带来浮渣等污染物,水质仅达地表水劣Ⅴ类。为此,根据市委市政府的部署,深圳水务集团开展了荔枝湖第五次治理,目标是圆满实现流域污水零直排、主要指标达到地表水Ⅲ类水标准。

荔枝湖是深圳河流域核心片区重要的人工湖,早年大规模综合整治形成了环湖有三条截污管,截流上游排水管渠内的旱季混流污水,下游均和红岭路雨水箱涵连通。旱季下游红岭闸关闭,截污管污水经红岭路雨水箱涵提升至滨河污水处理厂进行处理,雨季红岭闸开启,超过污水处理厂处理能力的混流污水经红岭路雨水箱涵排入深圳河。

1) 全要素治理思路

突破传统的治水思路，创新高密度城区湖泊综合治理模式，以厂站网湖口源全要素的管理方式，将荔枝湖 2.5km² 流域内的市政管网、源头小区、面源等纳入治理系统，开展全流域综合治理，最终实现荔枝湖流域人水和谐共生。按照总体要求，进行全要素分析，具体如下：

（1）厂：涉及滨河污水处理厂 1 座。

（2）站：涉及原北湖提升泵站 1 座、污水提升泵站（含截污泵站）共 1 座，总提升能力为 5 万 m³/d。

（3）池：涉及鹿丹村调蓄池 1 座。

（4）网：涉及流域内所有市政管网，流域内 164 个小区，垃圾转运站 5 个，美食街 4 条，洗车场 10 个。红岭路雨水箱涵 1 条。

（5）湖：涉及荔枝湖东、西、南、北湖。

（6）口：涉及沿湖溢流排放口 3 个，双向式闸门 1 座。

2）各点击破全路径

按照"控源截污为本，生态治理为主，兼顾智慧治水"的原则，绘制荔枝湖治理技术路线图，即按照湖内、湖外两条路径治理（图 5.2），完成包括雨污分流、截留污水、清污分流、水生态修复、生态活水和净水提质六方面整治，通过底泥清淤、生态植物种植等多元化手段实现水生态修复，通过补充水源实现水资源优化配置，最终实现长效运维和常态管控，达成地表水Ⅲ类水水环境提升目标。

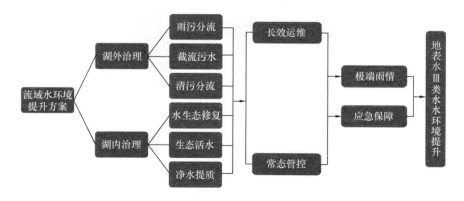

图 5.2 荔枝湖治理技术路线

2. 主要举措

深圳水务集团旗下的利源设计院综合前期治理经验，对荔枝湖流域进行系统摸排和梳理，针对湖水污染的内因和外因，对症下药，提出综合方案设计，以系统思维，流域治理为本，着力解决污水溢流和水体浑浊问题，主要从以下五方面展开治理。

1) 控源截污

全力推进流域零直排，配合福田区政府对荔枝湖 2.5km² 流域内的源头小区进行雨污分流，完成混流小区整改及建筑物雨水立管封堵改造，累计混流减量 5000m³/d。全面整治流域内污染源及混错接管，对市政雨污水管渠进行检测、修复、清淤，累计整治 24 项错接乱排项目、管网检测 14.3km、隐患修复 33 处、管渠清淤 800m³，废除流域内 3 处市政高位溢流点，实现了市政雨污水系统污水减量 4500m³/d。推进流域内面源污染整治，累计整改四个垃圾转运站、三条美食街、七个洗车场。经过流域治理，荔枝湖环湖截污系统每日混流量同比减少 95%，污水平均氨氮浓度由 33.3mg/L 降至 0.37mg/L，同比降低 98%。

截污转输，反向利用已有中水管线，在荔枝湖西湖 P2 排口一侧新建 5 万 m³ 全地下一体化泵站将流域初期雨污水提升送至滨河污水处理厂（图 5.3），可以解决单小时 10mm

图 5.3　荔枝湖流域控源截污系统示意图

暴雨强度的初期污染。通过湖内湖外统筹,实现了荔枝湖流域零直排的目标。

2)改善内循环

在全湖实施多个举措改善内循环,技术路线如图5.4所示。一方面通过内源清淤,清理了湖区近3万 m^3 底泥,同时进行生态修复,种植沉水植物,极大地提高了湖体的自净能力;另一方面通过铺设湖底补水管,由北湖直接向南湖3个死水区每天输水1万 m^3,改善湖体水力循环状况,打通内循环,实现流水不腐。

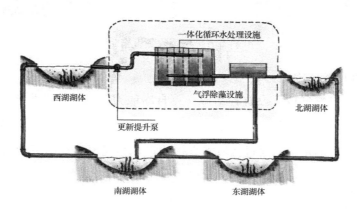

图5.4 内循环技术路线图

3)净水提质

当暴雨溢流大量进入湖区时,会导致水质恶化,需要尽快实现全湖的水质恢复。在北湖顶端,新建了4万 m^3/d 处理能力的一体化净化循环设施(图5.5),可迅速处理湖水,两天内恢复水体清澈。同时为了应对藻类问题,采用气浮除藻设施(图5.6),保障高温季节的水质和感官状态达标。净化设施的建设使得荔枝湖水环境具备了应急恢复的能力,为湖水自我净化能力提供了强大支撑。

图5.5 一体化循环水处理设施

图 5.6　气浮除藻设施

4）构建外循环（图 5.7）

荔枝湖体非自然形成，没有补给源、无自净能力，同时又要发挥滞洪蓄洪的功能。通过恢复园外 2.1km 原水管，使得荔枝湖的上游与深圳水库建立关联，保障了景观水位保持所需的水源。通过流域零直排治理，实现了荔枝湖下游的红岭闸塌坝，打通了流域雨水进入深圳河的通道，实现了外循环。在南湖末端安装了双向可调式闸板，既可精确控制水位，保证景观需求，又可以完全提升排空，确保快速行洪，为湖区运维提供了精准管控。

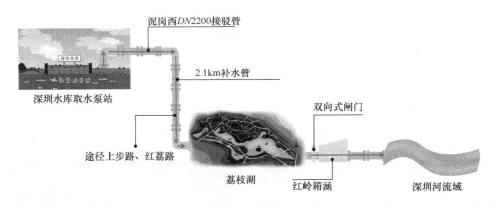

图 5.7　外循环构建

5）长效运维

以厂站网湖口源全要素管理的专业优势，构建全过程运维管理，保障湖水长治久清。配置水质在线监测系统、水面保洁机器人，实现全程智慧化管理（图 5.8）。

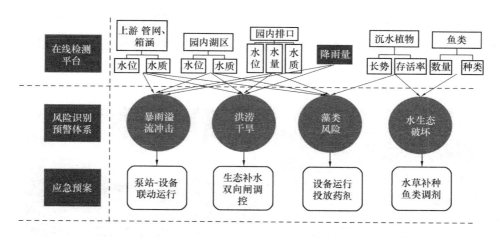

图 5.8 荔枝湖全要素、全过程、全天候管理运维体系图

6）组织管理

在项目实施过程中，注重对施工人员的安全培训及管理，加强对其生命安全及财产的保护。同时还严格贯彻落实安全 6S 工作，并编制完善荔枝湖水环境综合治理工程灾难天气预防、预警、响应及复工检查四个清单，以及荔枝湖水环境综合治理工程项目安全分析制、岗位安全分析责任制、安全风险和隐患报告制度与奖惩制度，并按"四个制度、四个清单"严格落实。

在具体工作推进过程中，施工现场采用高标准封闭式围挡，有效遏制了工地扬尘，美化了市容市貌。对园区道路铺设钢板保障园区道路不受损害。在施工过程中，为防止施工扬尘和水土流失，对各区域裸露黄土地进行覆盖。在公园内园区道路恢复时，对施工过程中所有临电设施作了安全防护，确保临电设施保护到位。项目部对所有临电设施电线电缆作了架空处理，并发放了相对应的劳动防护工具，为工人提供安全保障。

3. 治理成效

通过市政管网雨污分流、小区正本清源、面源污染治理等措施，对片区 164 个一级排水户，50 多公里市政管网、垃圾转运站、洗车场及美食街进行地毯式、网格式排查整改，目前环湖截污系统每日混流量由 1 万 m^3/d 降至 $200m^3/d$（通过全地下截污泵站提升至滨河污水处理厂），旱季累计污水减量 0.98 万 m^3，同比整治前混流量减少 98%。环湖截污系统污水平均氨氮浓度由 33.3mg/L 降至 0.37mg/L，同比整治前降低98%，成功打造了福田区污水零直排示范片区。

荔枝湖水环境综合治理工程治理难度大、治理任务紧迫，不到一年的时间，荔枝湖圆满实现了污水零直排、水质达到地表水Ⅲ类标准、湖水透明度达到1m以上的目标（图5.9）。

(a) 整治前

(b) 整治后

图 5.9 荔枝湖整治前后效果对比

工程完成后荔枝湖已经历经两年的考验，特别是降雨期间的考验。选取10mm降雨时对荔枝湖雨前、雨后开展COD、氨氮、总磷检测，可以看出雨后氨氮浓度从雨前约0.6mg/L降至雨后约0.2mg/L，雨后总磷浓度和雨前一样，约0.020mg/L，水质无明显波动。这表明荔枝湖水环境系统已经形成了完善的设施、生态及运维体系，可实现荔枝湖水环境长治久清。

5.5 应用及推广前景

5.5.1 创新性及先进性

流域，指由分水线包围的河流集水区，以水为纽带，连接各自然地理要素，而形成的自然整体。流域内的各自然要素对河川径流产生影响，使河流表现不同。流域水环境治理需要统筹自然生态及治水治污设施的各个要素，用系统方法治水，真正解决流域设施不均衡、设施标准不统一等问题。

5.5.2 经济效益及社会效益

将流域分段分片治理，有助于科学分析问题、查找原因，并制定有效、科学的措施。利用局部区域设施余量解决污水处理缺口；通过解决设施瓶颈问题，提高设施处理能力，强化调度等措施，可有效减少投资建设费用，并能有效解决片区水污染问题，真正实现全流域水污染治理。

第6章 "厂网河湖"一体化调度策略及成效

6.1 必要性和重要性

流域是连接各自然要素的整体,流域治理既不能"头痛医头、脚痛医脚",也不能各管一摊、相互掣肘,必须从系统工程和全局角度寻求治理之道。深圳河湾流域传统管理存在一体化协同程度不足的问题,如图6.1所示,会导致以下问题:

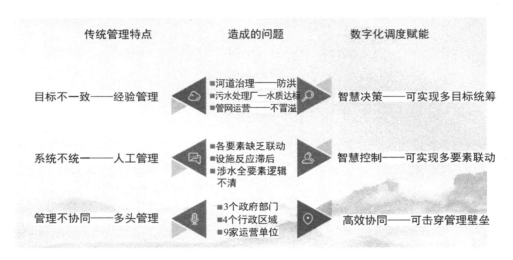

图6.1 深圳河流域管理存在的问题和 "厂网河湖" 一体化调度策略对比图

1)目标性不一致

深圳河湾流域治理历经多阶段,各阶段厂网河工程的建设目标均不一致。其中河道治理以防洪为主,忽视河流的生态净化和人文景观的功能,造成河道经常"三面光";污水处理厂建设以出厂水达标为目标,河道水质是否达标与污水处理厂运行无关;管网建设以完成任务和路面不冒水为目标。尽管每个单元都有其存在的目的,但与系统的整体目标不一致,多基于经验式管理,因此各单元之间无法形成治理合力。

2）系统性不统一

深圳河湾流域涉水要素多类型、多地点、多时间、多采源，逻辑关系复杂。其中涉及源头小区约6904个，其中城中村344个；市政排水管网约4555km，其中污水管网约1740km；排水泵站68座；排涝泵站26座；沿河排口2266个，河闸24座；调蓄池15座；污水处理厂12座，分散设施4座。传统的河流监管主要是通过人工巡检的方式，这种方式在深圳这种河网沟汊密布、水情复杂的现实环境中具有非常大的局限性：问题发现不及时、发现也难以溯源，以传统的方式很难实现精准治污，污涝同治。

3）相关性不协同

由于历史原因，深圳河湾流域污水设施呈现多头管理运营的局面，其中涉及政府部门3个（市生态环境局、市水务局及市城市管理和综合执法局），涉及行政区4个（罗湖、福田、南山及龙岗），涉及主要污水设施运营单位9个（深圳水务集团、南方水务有限公司、北京碧水源科技股份有限公司、北控水务集团、深圳楠柏环境科技有限公司、深圳市东深水源保护办公室、深圳市国祯环保科技股份有限公司、深圳市深水水务咨询有限公司及深圳市广汇源环境水务有限公司）。各单位管理与运营范围及职责分散、区域协同工作难度大、部门协调工作繁琐，存在问题不能及时处理、无法构建全流域污水"一张网"管理体系的弊端。

总的来说，实现深圳河湾流域水质达标和水环境改善的工作目标，需通过对深圳河流域实现"厂网河湖"一体化调度，梳理联调联调的关键举措，解决流域治理过程中面临的目标性、系统性和相关性问题，最终保障流域治理工作高效有序开展。

6.2　总体方案及目标

为实现流域"污水全收集，收集全处理，处理全达标"，结合流域厂网河湖各要素的实际运行工况，针对深圳河湾流域治理存在的问题，依托数字化调度，制定具体技术路线，实现深圳河湾流域厂网河湖一体化综合调度，技术路线如图6.2所示。由图6.2可知，构建涵盖源头管控数字化、全域监控数字化、拓扑关系梳理、阈值管控、诊断分析的全要素综合调度系统，从点、线、面多角度入手，可以有效实现厂网河湖流域一体化调度。

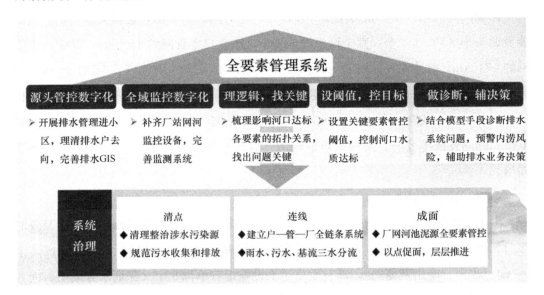

图6.2　深圳河湾流域全要素管理技术路线

6.3　关键技术及举措

6.3.1　构建一体化调度中心

为统筹流域内上下游、左右岸、干支流、岸上岸下，对流域涉水事务进行一体化管理和精准调度，确保全要素最优运行工况常态可控，需构建统一的流域指挥调度中心。深圳河流域指挥调度中心以综合调度中心，实施分级调度管理，如图6.3所示。综合调度中心负责统筹水质达标调度预案的制定与下达，并协调各区域分公司、污水处理厂、河道管理中心、深圳市利源水务设计咨询有限公司（以下简称利源公司）等单位深圳河流域治理相关工作；排水设施责任单位负责执行调度方案的具体要求，确保各排水设施按照调度方案运行，保障责任片区关键节点水质达标。

具体来说，区域分公司有罗湖分公司、福田分公司、南山分公司、布沙分公司。调度中心避免了因沟通不及时，信息差导致的设施运行不匹配问题，实现了流域内全

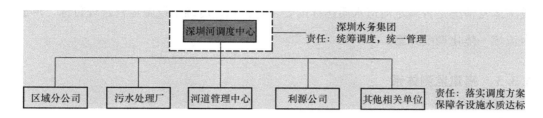

图 6.3　深圳河流域指挥调度中心组织架构图

要素一体化调控。

6.3.2　绘制一体化全要素图

通过系统梳理深圳河的各类水文信息、潮位信息，摸清深圳河流域污染物时空变化规律和环境容量，进而梳理出河口达标总目标与各要素（污水处理厂、管网、泵站、闸坝）的拓扑逻辑关系，绘制出深圳河厂网河闸调度系统图，重新定义各要素的功能作用，明确各要素运行液位、处理量、水质、闸门状态等控制目标。

如图 6.4 所示，一体化调度系统图包括厂、站、网、河板块，将深圳河口水环境总体目标分解至各要素，明确各要素运行工况要求，如果发现某要素不满足管理目标，则可以通过工程建设、管理提标等方式尽快补齐短板；如满足管理要求，则分析

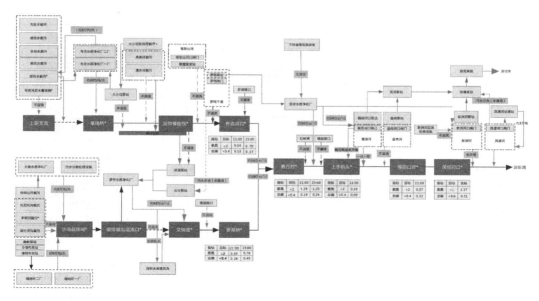

图 6.4　深圳河流厂网河湖一体化调度系统图示意图

设施运营情况是否满足河道水质达标的要求，否则，需调整设施运营管理目标，形成全流域一体化调度方案。

6.3.3 搭建监测体系

1. 软件平台

综合调度信息平台系统架构以智慧水务架构为设计基础，架构设计既需要符合当前业务需要，同时也要满足未来业务扩展需要。其核心理念指运用新一代信息技术，通过智能设备实时感知水务状态，采集水务信息，并基于统一融合的公共管理平台，将海量信息及时分析与处理，以更加精细、动态的方式管理制水、供水、用水、排污等整个水务生产、管理和服务流程，并辅助决策，以提升深圳河湾流域供水排水水务管理与服务水平。

如图 6.5 所示，综合调度信息平台系统以"1+4+4+N"为架构（1 平台、4 中心、4 板块和 N 组团），三层次联动的"综合调度信息平台"，实现供水排水业务运营"统一管控、业务联动、融合共享、广泛协同、智能决策、主动服务"，并达到以下"六个一"总体建设目标：即"全面感知一图呈现""数据鲜活一触即达""智慧管

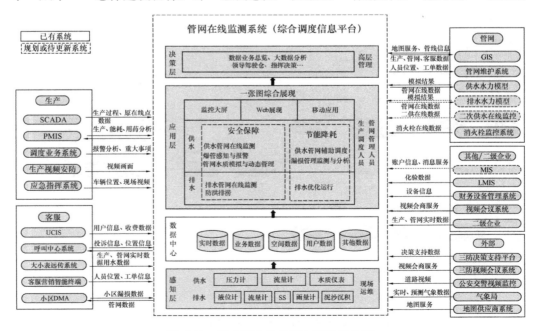

图 6.5 综合调度信息平台系统架构图

控一屏到位""服务运营一网统办""智慧决策一目了然""应急指挥一站管理",从而高标准、高质量构建起国内先进、国际一流的运营管理平台。

2. 硬件感知

通过梳理影响河道水质的厂网河全要素关键节点,完善在线监测硬件感知,系统引入在线监测信息号共400余个,涵盖河道水质、液位,污水处理厂、泵站、视频等,通过污水处理厂、污水泵站、雨水泵站、排水管网以及河道监测系统提供标准数据接口,获得各厂站生产、运行的实时数据,并按照统一的数据要求发送给数据中心服务器。系统应同时具备人工录入的功能,以备实时监测点无法实施或实施完成前的人工数据补录所需。实时监测应包括以下内容:

1) 污水处理厂数据:进出水水质数据(COD、SS、NH_3-N、TN、TP;生物池DO、ORP、MLSS);进水泵房液位(相对、绝对)、小时流量、水泵启停状况;污泥外运总量(车次、处理工艺、处置点、外运总量)。各工艺段运行视频(可选)。

2) 泵站数据:泵坑水位(相对、绝对),进水流量,水泵启停状态,水质,设备运行时间,泵站运行视频。

3) 管网数据:流量、水位(相对、绝对)、水质、视频。

4) 河道断面数据:水位(相对、绝对)、流量、COD、NH_3-N、TP、溶解氧、盐度。各支流汇入口视频及干流监测点视频。

5) 河闸:闸前、后水位(相对、绝对)、闸门启动闭状态、视频。

6) 积水点数据:积水深度、历史积水情况。

7) 气象信息:降雨量预测数据、实时降雨量数据。

6.3.4 建立调度分析系统

基于流域监测数据、系统要素拓扑关系,建立深圳河湾排水管网、河道水力水质模型,预测深圳河湾流域各要素参数变动对断面水质影响,实现数据分析及报表管理功能。同时根据拟定的深圳河湾排水系统调度规则,为调度人员提供调度决策建议,实现集团内、外部的调度指令发布、预警信息发布、调度工单流转交办、日常巡查和监测信息录入及审核、计划性和应急事件上报和流转等功能。

全要素调度系统可以分析河道各断面水质,管网液位、污水处理厂水量、水质,提供污水处理厂调度、泵站运行、闸门控制等方面的决策建议,更加全面、迅速,有效消除信息差和个人因素导致的判断失误。

6.4 一体化调度成效

6.4.1 实时掌握流域管理状态

一体化调度平台的有效构建，可实现深圳河湾流域"厂网河湖"全要素水环境综合评价总览，一是通过该流域管理状态图可实时掌握流域气象、水质、液位、流量等信息；二是通过深圳河流域厂网河湖水力水质模型提前预判相关信息，有针对性及时制定相关措施；三是通过外业系统将措施发送给相关人员落实。同时，结合气象、设施、断面水质实际情况，每日一汇总一分析，将200余项关键指标在一张表展示，紧盯薄弱环节、加强预警，专人负责跟踪分析监测指标与河口水质达标的关系，通过统一外业系统进行"工单－操作－反馈－核实"全流程管控，确保设施高效联动、措施落实到位。

6.4.2 提升排水管网基础数据质量

通过GIS—外业—综合调度平台三联动，构建排水管网数据问题数字化诊断与修正，实现排水管网问题排查—诊断—处置—归档全流程可视化；形成"一本账、一张图、全闭环"数字化管理模式。

以管网更新改造工程改造为例，通过GIS实况库及时分析诊断该流域管理状态，实时获取管网倒坡、大管接小管、混接点等多个问题，通过系统下达管网改造工单，整改后重新更新GIS实况库，形成工单闭环。同时GIS的WEB段自行分析纠错，GIS录入数据的准确性，对异常数据进行现场校核更正，有效保障GIS数据的完整性和准确性，不断提高排水管网基础数据的质量。目前正在尝试将数字孪生和增强现实技术应用于阀门巡检和排水设施数据核查，克服传统信息系统在现场使用不便、定位偏差、管理失真等缺陷，方便操作人员在巡检现场查看、核验、修改设备信息，形成数据闭环（图6.6）。

通过数据应用，解决了一体化体系构建前尚存的问题，如：管网系统数据准确度提升49%，发现了1331处之前未发现的问题。

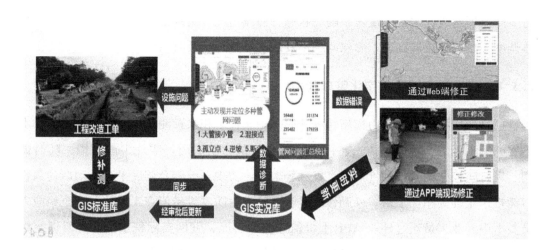

图 6.6 排水管网数据问题诊断与修正流程图

6.4.3 实现深圳河流域全要素联合调度

通过流域全要素监测感知、监测数据有效分析，实现全流域重要河段水质实时监测，及时发现异常断面，及时锁定突发状况。利用排水水力水质模型跟踪分析监测指标与河口水质达标的关系，制定调度方案。同时调度系统形成全要素运营日报（图 6.7），

图 6.7 深圳河湾流域 "厂网河湖" 全要素运营日报示意图

将200余项水质、水量、液位、闸门状态、溢流情况等关键信息一张表展示，并将具体调度工单自动流转到人，确保问题早发现、早处置，及时纠偏。

6.4.4 提升排水截污数字化管理能力

通过运用排水管网水力模型建立不同降雨条件下积水预测情景库，系统评估排水管网的排水能力、管网溢流量、内涝风险点、截污闸启闭，实现事前模拟、随时调用、风险防控。同时借助气象局气象预警信号，实现事前综合调度平台自动启动预警行动推送至外勤作业平台，外勤作业平台自动产生防洪排涝值守工单并分配至相应人员。事中外业人员通过外业APP上报值守任务实况、管网实际积水情况，反馈至综合调度平台。事后统计分析防洪排涝任务执行情况；比对模型预测积水点与实际积水点，辅助模型更新校核（图6.8）。

图6.8　数字化防洪排涝系统

6.5　应用及推广前景

6.5.1　创新性及先进性

1. 为流域监管模式优化提供支撑

通过对流域实时在线的监控，让监管人员在足不出户的情况下掌握河湾流域及关联管网的实时运行状况，转变原有靠经验结合人工的粗放管理模式，实现精细化实时管理。监管人员可以将更多的精力投入到有利于流域整体改善决策中来。

2. 为流域管网运营管理提供支撑

通过对液位、流量参数的监测分析，首先有利于降低流域内管网淤堵风险，减少突发环境事件给区域民众带来的损害；其次在液位、流量有效监控的基础上有效解决管网淤堵恶臭与周边居民之间的矛盾；再次，为管网优化、应急调度、在线预警提供有效的数据支撑。

3. 为深圳河湾流域预测预警提供支撑

深圳河湾流域排水水力水质模型已初步建立并投入实际工作场景中应用，模型可为防洪排涝、排水调度、深圳河口水质达标、管网优化等工作提供模拟数据辅助决策。通过本项目的建设，可为模型提供更多关键点位、颗粒度更细的在线监测数据用于校核，为实际工作提供更加准确的预测结果。

6.5.2　经济效益及社会效益

1. 直接减少经济损失

全面提高流域的管网排水及水质污染风险预警能力，可以大大降低流域内事故的发生概率，从而减少事故带来的经济损失。

2. 有效节约管理成本

可以实现风险感知、应急预警等多类工作的信息化，摆脱以往低效耗时的纯人工工作方式，实现在线监测与人工排查相结合的新工作模式，从而有效节约人力资源配置带来的成本。

3. 整体提升流域监管效益

通过对流域及关联管网布设在线监控网（视频可视化监测网络、液位预警报警监测网络、流量预警报警监测网络），可以快速获取深圳河湾流域排放口及关联管网的运行参数，实现管网的精细化管理，有利于实现流域内分区管理、针对性管治。

4. 有利提升品牌形象

智慧水务是实现智慧管理的重要内容，智慧的管理必定为水务集团带来崭新的面貌，掌握片区内河道水文、水动力情势，掌握风险排放口实时情况，掌握关联管网关键节点液位情况，为厂站网口河一体化运营、风险排放口及关联管网精细化管理提供数据参考，为进一步优化日常运营调度、治水提质和深圳河湾水质达标等工作提供支持。

第 7 章　流域达标创优的数字化探索及成效

7.1　必要性和重要性

深圳市在"十四五"期间提出了排水系统"双转变、双提升"和全面水环境创优新目标，即管辖流域水质优良河长超过 80%，考核断面全面均值稳定达到地表水Ⅲ类水质标准。但深圳本地排水系统短期内彻底完成雨污分流难度较大，尤其雨天排水系统因污进雨和雨/清进污导致收浓弃淡难等问题依然存在。针对实际问题，深化推进"全流域、全要素、全链条、全覆盖"的排水治理与管控，促进排水管理一体化、专业化、精细化管养和维护，形成源头管控、过程调度、防治并举的排水管理新模式，是流域水环境达标创优的必由之路。

从全行业来看，流域档案管理方面，目前存在一定程度上业务、数据、应用的相互割裂，且对于数据的分析处理能力不足，难以高效支撑流域精细化开展源头管控、管网运营、泵闸运营、污水处理厂运营、河湖水系管理等排水业务的高质量运维。围绕实现深圳河流域"厂网河湖"排水一体化的精细化管理目标，满足"排水系统提质增效"和"全面水环境创优"的更高要求，需进一步融入精细化、数字化和智能化管理工具和手段，掌握污水的来龙去脉，有效发现违法排水行为、外水接入点、混接点、缺陷点，实现用数据说话、用数据决策、用数据管理、用数据创新，以推动全流域、全要素的高效管控。

因此，积极探索以"流域"为单位的一体化数字排水-水环境系统建设，把源头管控作为污水处理提质增效的基本原则，把排水管网作为污水处理提质增效的关键核心，把污水处理厂进水浓度作为污水处理提质增效度量指标，打通源端到末端的全流程管理，是真正实现"厂网河湖"全要素精细管控、推动流域达标创新的重要抓手。

7.2 总体方案及原则

7.2.1 总体目标

针对深圳河流域的实际情况，结合工程、管理和数字技术优势，积极打造深圳河流域-"厂网河湖"数字排水-水环境管理系统，即将创建零直排小区（小区、城中村雨污分流）、完善排水系统（雨污分流改造、排水灌渠缺陷整治、截污系统优化）、逐步取消截污系统（取消高位溢流点、截污点、清疏）、外水减量、厂站网河联合调度、问题诊治等排水系统提质增效工程、管理措施运用数字化技术予以重新构建，形成数字运营＋数据智能的排水-水环境数字化运管新模式。

7.2.2 核心原则

1. 符合企业智慧水务和数字化转型顶层设计原则

"数字排水-水环境管理系统"从提出到建设实施，要与企业数字化转型保持一致，与水环境业务发展和管理发展充分结合；在设计上符合智慧水务顶层设计和统筹安排。

2. 采用最新技术架构和建设理念原则

系统应满足未来企业数字排水-水环境迭代升级的技术要求，充分利用云计算、大数据、容器化、微服务和物联网等最新ICT技术，可快速迭代、可敏捷处理并在设计与建设上有突破，有创新。

3. 经济实用"向前兼容"的原则

系统建设一切以满足企业真实的业务需要和实用性为目的，尽量利用现有资源，坚持在先进、高性能前提下，确保在成本最低的情况下获得最大的效益；要可充分利用企业现有的信息系统及相关设备，对现有的信息系统进行有效地改造、集成和利用，对现有的数据进行有效地整合和挖掘，确保历史数据的完整性。合理利用、有效配置企业现有的信息资源，逐步消除企业内众多系统的异构性和标准规范的差异性。

7.3 构建方法及路径

7.3.1 设计原则

1. 成熟性

系统架构应采用成熟的解决方案,用优秀的产品构建系统底层平台,使用成熟的技术做应用开发。减少开发的工作量,降低项目实施的风险。

2. 可扩展性

系统设计应考虑未来功能应用逐步丰富、系统不断扩展的要求,采用整体系统化设计,以形成一个易于管理、可持续发展的体系结构,使系统具有良好的扩展性和高效性。

3. 标准性和开放性

在应用软件的开发上,遵循通用的国际或行业标准。开放的系统架构便于将来增加新的功能及与综合资源与其他系统实现互联。

4. 先进性

采用当今国内外最先进和成熟的计算机软硬件和系统架构技术,使新建的系统能够最大限度地适应行业和业务发展变化的需要。

5. 安全性

采用完善的用户身份验证和权限策略管理技术,防止未经授权用户访问重要的不宜公开的数据,同时设计完整的用户管理和安全机制。

6. 经济性

在系统的设计过程中,要论证项目的性价比,保证用户在一定的投资预算下获得最大的IT受益。同时,因为是改造项目,要注意保护客户原有的IT投资,在完成系统目标的基础上,对现有软硬件资源进行充分利用。

7. 可靠性

从信息处理的角度上来看,企业信息化的特色就是数据量大、处理复杂,因此系统的可靠性显得尤为重要。

7.3.2 整体框架

围绕"厂网河湖"一体化运营的需求,构建涵盖监控+执行+分析+协同的排水-水环境"一网统管"数字运管体系。如图 7.1 所示,该体系框架涵盖 4 个域。一是监控域:构建全流域数字监控网,健全流域范围内河、口、闸、厂、站、网、小区排水设施的在线监测设备(主要包括:液位、水质、流量、视频);逐步完善雨污水泵站设备设施的远程控制。二是执行域:构建全链条排水闭环管理网,打造源厂站网闸河一体化管理一张网(建设排口管理、智慧厂站、小区排水管理、厂网河联调、外水分析、排水 GIS 数据质量提升专题管理模块);排水工程+管理任务动态可视化管理一张网;排水外勤作业处置全闭环。三是分析域:打造全场景预测分析,构建以机理模型与数据驱动模型为核心的排水-水环境问题诊断评估能力,主要包括:排口溢流预测、积水内涝预测、污染物守恒分析。四是统筹协同域:构建排水水环境"一网统管"驾驶舱,实现水环境水质、液位、小流域、调度和设施五图统管,并实现与政府等外部关联系统高效协同。

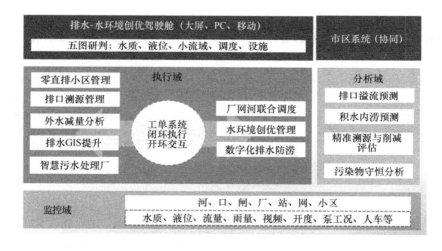

图 7.1 数字排水-水环境管理体系框架图

7.3.3 技术架构

根据一体化治理及运营总体目标,在《城镇水务 2035 年行业发展规划纲要》发展战略引领下,基于现有信息化系统和管理经验,以"资源整合、深化应用"和"科学决策、管理创新"为策略，通过新一代信息技术与水务业务的深度融合，充分挖掘数据价值，通过水务业务系统的控制智能化、数据资源化、管理精准化、决策智能化，保障水务设施安全运行，达成水务业务更高效的运营、更科学的管理和更优质的服务。

总体技术路线从水务数字化转型为视角出发，以有效提升污水提质增效工作为目标驱动，以科技创新为动力，以智能决策分析为引导，以领先行业信息化高水平为目标，实现从数据零星分散向大数据资源集中、从独立设备向物联网互联互通、从系统孤岛向系统全面集成、从传统系统架构向容器化、微服务架构演进、从业务需求支撑向决策分析支持的转变。

如图7.2所示，在技术架构上从下至上归结为物联感知层、基础架构层、数据层、平台层、业务层和用户层6个层次。

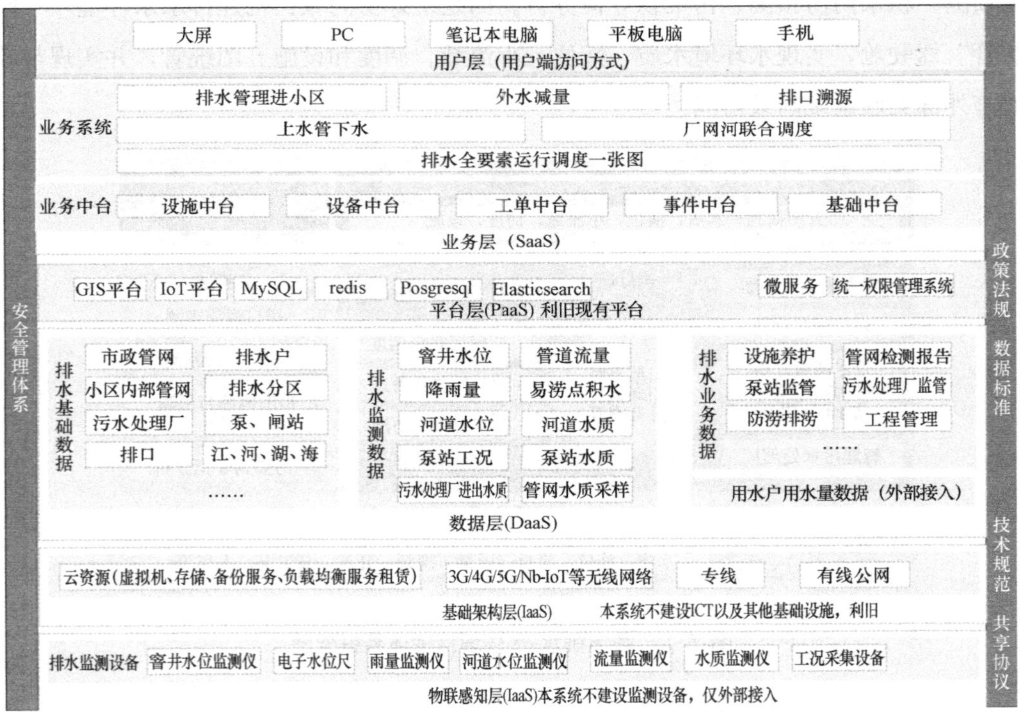

图 7.2 技术路线图

7.4 主要功能及成效

7.4.1 排水-水环境驾驶舱

1. 管理目标

聚焦"双转变、双提升"和水环境创优的业务目标，构建排水-水环境驾驶舱，实现"厂网河湖"全要素一屏统览、五图研判（水质一张图、液位一张图、小流域一张图、调度一张图和设施一张图）、全要素联动，"一网统管"长效支撑深圳河湾流域水环境创优及污涝协同治理。

驾驶舱整体设计遵循"结果指标化、统筹系统化、要素关联化、应用场景化"的原则，运用数据分析、空间地理信息、排水管网拓扑溯源、可视化、物联感知等技术，形成"一看态势、二断问题、三控过程"的排水-水环境数字化管理能力。

2. 功能成效

1）排水-水环境驾驶舱"五图统管"

为了让管理人员、技术人员实时掌握并统筹排水系统、水环境运营管理，驾驶舱构建水质、液位、小流域、调度和设施五大专题图，实现排水系统设施看得见、系统理得清、问题断得明、风险管得住，驾驶舱设计架构如图7.3所示。

图7.3 排水-水环境驾驶舱框架设计图

水质一张图：以全流程水质统览为目标，将流域水质管理划分为8个一级关键控制点，分别为河口断面水质、优良河段、河流沿程断面水质、排口水质、污水处理厂水质、泵站水质、市政管网水质和小区管网水质；每个关键控点内设施 N 个二级控制指标（包括与水质相关的雨量、潮位、水量、液位、视频、水质、负荷等关联多源数据），实现流域水环境水质总分统览、数图联动、多源联动。

液位一张图：以全链条液位关联分析为目标，以污水处理厂为核心构建断面、闸、厂、泵站（污水/截污）以及管网的液位管控设施组团逻辑拓扑，并实时监控全链条上下游设施工况状态（液位、流量、水质等），针对厂组团设施设置关联液位报警，支持晴天、小雨排水系统低液位运行监管和大雨城市排水畅顺。

小流域一张图：以重点小流域挂图作战指挥为目标，归集小流域治理多维数据，重点监管小区雨污分流、市政点截污废除、排水管网重大工程以及管网三四级结构性隐患排查与整治等任务的进程与质量。

调度一张图：以全系统联合调度为目标，为实时掌握关键设施要素的调度态势，在驾驶舱可实时查看厂网河调度拓扑、调度指令执行、调度结果和状态，根据厂站负荷、管网负荷以及水环境目标和水安全要求，及时调整调度指挥策略。

设施一张图：以全要素设施可见为目标，基于地理信息系统构建排水系统厂、站、网、河、闸、池设施设备空间分布图，结合监测感知数据（水位、水质、流量、视频、雨量、潮位等）构建全流域时空监测网，实现关键区域设施（例如：高风险溢流点、积水点等）监测、预警与闭环处置。

2）水环境创优 KPI 态势

聚焦排水系统"双转变、双提升"和水环境创优工作目标，系统以数图结合的形式呈现管理结果和风险态势。针对影响国家考核断面稳定达标的关键因素，设置水环境创优一级指标 5 项，包括：国家考核断面水质达标率、进厂 BOD_5、城市居民生活污水收集率、排口零直排率、小区零直排率；设施运行状态一级指标 4 项，包括：污水处理量、厂/站负荷率、管网满管率。二级分解指标 22 项，点击"进厂 BOD_5"可详细看到各区域、各污水处理厂按照时间序列进厂 BOD_5 变化情况等。

此外，将流域断面水质数据与 GIS 地图相结合，运用可视化技术动态展示过去 12 周河湾 110 个断面水质变化和具体水质指标变化趋势。通过一张图清晰反映劣Ⅵ、Ⅴ、Ⅳ、Ⅲ水河段位置及其风险水质指标变化趋势（氨氮、DO、总磷等指标）。

3）风险问题排查诊断

排口溢流一直是影响河湾水质达标的重要问题，驾驶舱可根据河道断面水质情况，关联影响该断面达标的排口。点击问题排口系统可自动溯源该排口以上市政管渠雨污分流改造、截污点废除、上游小区雨污分流、外部工地施工以及管道缺陷检测等情况，进而快速锁定排口溢流主要问题点及其整改进程。此外，污染物源头管控是根本解决水污染问题主要工作，深圳市创新开展排水管理进小区工作，通过正本清源、小区雨污分类、天面雨水管理等措施持续推进源头管控。为了长效保障小区雨污水系统健康运行，减少小区雨污分流返潮等问题，系统以色块对小区雨污分流情况进行区分，红色、绿色分别代表未分流和已分流。同时可实时对小区雨污水出路进行诊断，确保每个小区污水进厂站、雨水入河。

4）源—网—站—厂—闸全要素精细化管理

为了实现源—网—站—厂—闸全要素涉水设施运行状态的实时监控，系统接入污水处理厂、污水泵站、雨水泵站、截污泵站、调蓄池、截污闸、雨污水管渠、排口、河道以及气象多源在线监测数据，涵盖设备运行数据、液位、水质、视频等。

7.4.2 数字零直排小区管控

1. 管理目标

通过零直排小区管控模块，管理接收小区分流的工作情况，宏观掌握进度和质量。模块将通过从一本账到一张图，实时管理零直排工作，通过一张图进行挂图作战，了解各区域进度，让工作成效得到有效监管。围绕着创建零直排小区这项任务进行挂图作战，通过将业务数据结合GIS空间数据上图展示，能及时有效了解清源任务的进度和成效。

2. 功能成效

1）小区排水态势

搭建小区排水态势图，通过展示零直排专题工作中相关的重要指标情况，总览各分公司的工作进度。小区排水态势中指标有小区零直排率、排水户备案率、城中村截流率等；还展示了在该专项工作中，关于小区日常巡查的问题数。同时设置"城中村"类排水范围的专项统计管理，查看城中村污进雨、雨进污等整改率的统计结果。当发现某流域水质异常，可通过"一张图"中的地图模式，先从流域范围概览零直排分布是否存在异常情况，并往下一层定位异常的排口溯源范围。在排口溯源的收水范围内，可查看关联小区数据以及零直排分流情况。对可疑小区，可往下查看基本信息和业务信息，掌握异常小区的情况；辅助排查流域水质异常的原因。

2）出路诊断

通过可视化手段，把每个排水小区的排水去向如实反映在模块中，系统通过溯源分析和终点分析将出路异常和终点异常的小区分类展示。小区雨水管接入市政雨水井、污水管可溯源至污水泵站是正常的小区；小区出水在 GIS 上出路不明的是异常小区。系统具备 GIS 管线修改功能，业务人员可以通过此功能进行路径修复，力求保证每个小区的排水去向路径能真实反映，且通过此模块反向提升 GIS 管网质量。

3）问题整改和城中村排水

为了降低业务台账数据的线下流转查看不便和统计不及时等问题，系统将台账数据线上化，业务人员在系统里完成数据录入、修改等运维工作，为工作统计提供数据支撑。

业务人员维护后的台账数据将用于指标的统计和进度管理。

7.4.3 数字排口溯源管理

1. 管理目标

排口是比较特殊的排水设施，它向上关联复杂的排水管网系统，向下关联水环境的河道，所以排口的管理对于整个排水系统健康运行十分重要。排口管理的目标是溯源高效、成果可视、管理闭环。

2. 功能成效

1）排口的分级管理

将深圳河流域内的 7000 余个排口分级管理，其中重点排口 100 余个，高位溢流风险排口 40 余个。

2）排口智能诊断

以排口为基础设施，智能关联排口范围内影响排口的要素，包括上游的管网工程、在建工地、闸门、摄像头及管网本身的问题点信息等。当排口发生异常工况时，智能诊断问题来源点。

3）排口设施闭环管理

实现排口巡查及处置的闭环管理，提高排口设施问题自查率。通过前期依据排口重要级别设定巡查计划，运用外勤作业平台进行接单、处置及反馈。目前纳入巡查计划的排口1300余个。目前，深圳河湾流域每周计划巡查工单500～700单，通过运用排口溯源、排口智能诊断分析等功能，实现问题精准溯源、快速处置，提高排口设施的问题自查率，助力排口精细化管理及排水系统高效运行。

7.4.4 厂网河联调联排

1. 管理目标

厂网河联调联排以旱天调均衡、雨前降液位、中雨控溢流、大雨保安全为调度目标，确保0～25mm降雨流域不出现劣Ⅴ类水质，雨量小于70mm/h城市无内涝积水。

2. 功能成效

适应流域管理模式，分级调度。调度功能设计按照降雨情况分为常规模式、雨天模式及跨区域场景模式。

1）常规调度-均衡厂站负荷

结合各厂的收水范围，在常规时关注各厂站的进出水水量、水质及负荷情况、管网液位报警情况及调度指令执行情况。

2）雨天调度-智能风险预警

结合气象局的天气预警提示，黄暴预警产生时自动与集团外业工单联合派发易淹点值守工单。此外，还运用经验数据，开发智能风险预警，主要有以下两个：一是根据最新的气象内涝风险与雨量表，即每个街道不同的雨量负荷限值，系统在达到该雨量值时，给调度及管理人员提供智能风险提示；二是根据集团建设的31套排口液位监测，与排口基础的底标高进行对比，系统给出智能排口倒灌风险提示。

同时，把已制定的调度预案从线下搬到线上，在相同雨情工况条件下推荐最为匹配的调度方案，辅助调度人员快速决策。在降雨结束后，通过降雨复盘功能，迅速做出分析，优化后续调度工作。

3）跨区域场景调度

为解决各区域间污水处理厂处理能力不均衡的问题，开展跨区域场景调度工作是必经之路。通过系统梳理跨区域间的厂、站、管网关键监测之间的关系，形成逻辑关系一张图和GIS拓扑一张图，厘清可调度的资源；针对可调度的资源设置相关阈值，自动触发调度规则，同时形成调度工单至各管理单位进行工况调整；最后通过调度复盘功能对调度方案进行分析，为后续调度方案的优化进行数据积累。

例如，南山大沙河流域的左、右岸闸门的调度规则自动关联至其上游泵站、关键管网液位监测点、该区域内雨量计及下游排放口状态，联动的调度规则优化了调度设施的阈值，调度方案更加科学。

7.4.5 外水分析减量

1. 管理目标

为了细化外水分析工作的颗粒度，减轻业务人员纯人工的数据分析压力，模块基于不断积累的污水水质数据，以专题图形式展示污水水质成效效果图，方便相关负责人了解工作进度和成效，及时调整工作方案。另外，搭建相关数据分析功能辅助业务部门的工作报告输出和相关工作汇报。

2. 功能成效

外水分析工具模块首先在排查外水点上能将颗粒度划分得更细，从以往的厂范围，缩小到排水小区甚至更小的范围，让排查外水的效率更加高效，并逐点处理和跟踪。模块中将各厂的进厂 BOD_5 浓度和定时定点检测的关键点水质进行归拢并按收水范围进行分类，提供排查可疑外水点的数据基础。确认污水处理厂后，可以选择进一步查看污水处理厂相关泵站相应的收水范围。通过进厂 BOD_5 数据变化发现问题可疑区域，逐级缩放，进一步细分，方便业务人员逐步定位水质异常的管网节点，从而锁定高风险外水汇入点。

7.4.6 排水 GIS 数据质量提升

1. 管理目标

目前现有的管网数据均为专业测量后再入库上图的数据，由于实地测量数据全面性无法保障，因此存在断头、孤立点等数据问题。由于信息系统数据分析质量依赖于源数据质量，因此管网数据质量不足会导致数据分析功能无法为相关管理人员提供准确的业务决策依据。例如，无法准确分析排水单元污水去向，在分析过程中发现没有下游管线连接等。

为提升当前信息化系统的管网数据质量，要求系统能够梳理现有的管网问题，支撑一线人员进行现场核实及开展相关工程改造工作。同时，系统需要满足日常业务的使用需要，这就要求系统管网数据是贴合现场实际情况的，即系统管网数据需能够实时更新，以满足现场一线人员的使用需要。此外，能通过相关溯源工具对管网进行溯源分析，以验证管网质量的成效。

2. 功能成效

1）管网问题诊断

管网问题专题图通过对排水管网数据进行拓扑分析，主动发现排水管网中存在的问题，形成能真实反映管网问题的专题图。系统自动扫描混错接、大管接小管、逆坡、端头、孤立点等7类GIS数据质量问题，也可以点开查看某个具体点位的问题。

通过此专题图能辅助管养人员及时准确地了解管网中存在的问题数量、位置、问题类型等信息，为排水管网问题修复提供精细化的工作规划与实施指引，实现管网问题由传统的被动发现问题向主动、及时、精准地发现管网问题的转变。

2）在线修改正

使用系统编辑工具，可以基于符合管网实际情况，实时修改管网数据，提升GIS管网数据质量。

同时，为满足现场一线人员的使用需要，系统管网数据应实时更新，并提供一系列管网修改工具，基本满足日常管网编辑使用，包括：新增管点和管线，合并点点、点线和线线，以及修改、删除、打断和移动。

3）追溯分析

在地图上任意选择一条管线/管点，系统则可依据排水管线的拓扑关系，追踪该管线/管点的上下游两个方向上与之连通的所有管线管点，采用追踪分析的方法，追踪所有该点的上下游管线。

追溯分析可应用于泵站或污水处理厂服务范围追溯、排水单元排水去向分析、排口污染溯源等具体业务场景。追溯分析内容包含大管接小管、逆坡、雨污混接等排水管线问题分析，提供分析结果列表展示、概要图与详细图展示，可应用于摸查雨污混接现状，对排水普查数据进行雨污混接专题统计分析，为后续加强排水管理、纠正雨污混流、提高污水收集率等工作做好准备。

7.5 应用及推广前景

7.5.1 创新性及先进性

1. 贯彻落实国家"十四五"污水处理提质增效政策要求，落实水环境创优工作目标

围绕"十四五"坚持创新驱动发展要求，要创新管理体制机制，推进"厂网河湖"一体化运行，深化"供、排、净、治"一体化改革，实现污水处理设施运营维护集约化、规模化、高效化等目标，排水管理系统可通过进一步提升排水管理信息化、智慧化水平，整合排水户/排水单元专题数据、供水排水监测与检测数据、排口数据等各类排水相关基础数据，提升数据分析应用能力、精准锁定问题区域、高效解决处置业务问题，全面推动提质增效工作落地。

2. 大力推进水务企业数字化转型进程，实现排水运营管理提质增效

目前开展的排水异常问题定位、排水管网缺陷问题排查等工作中，需要耗费大量人力物力，仍较难达到污水系统挤外水的预期成效。排水管理系统将利用大数据、物联网、云计算等技术手段，在外水减量、上水管下水等场景中，进一步融入数字化管理手段，快速定位外水进入可疑区域，辅助污水系统挤外水工作的开展，有力推动污水提质增效工作落地。

3. 有力支撑运营业务精细化管理需求，提升从排水户-市政排水设施-水质净化厂-河湖水域-全要素全链条排水业务全域管理能力

强化排水户/单元的账册化、信息化管理，支撑排水户/单元内部雨污混接改造，统筹推进正本清源。以排水设施资产与监测数据全要素一张图为基础，打通端到端管理监督，便于提升污水控源排患管理。

7.5.2 经济效益及社会效益

1. 管理效益

排水管理系统建设使得数据记录及时、规范，历史数据也可方便查询、追溯，运营成果便于传输和管理。外水减量、排水管理进小区模块为集团完善排水户管理责任体系，落实排水户问题排查和整改工作，实施清污分流改造工程提供便捷的工具，具有重要的意义。

通过系统的使用，能有效应对深圳水务集团及下属分支机构的日常运营管理，通过信息化的管理手段，逐步取代纸笔的人工记录，可实现高效、准确的数据记录；并依靠智能化的流程提示，精准处理问题，提高生产运营效率。

2. 经济效益

通过全面普查排水管网，掌握全市的排水管网现状，数字化管理，将节省大量查找图纸和表格的时间，同时可以减少今后不必要的外出作业现场调查，节省人力及资金成本。同时结合排水管网运行特征（雨污混接、隐患问题），指导排水管网规划设计、工程改造等工作，通过优化工程设计，可节省投资。

3. 社会效益

系统秉承"厂网河湖"全要素一体化治河理念，运用系统化思维和数字化技术，全面推进排水系统提质增效，实现"双转变、双提升"。至2022年，城市居民污水收集率＞90%，污水处理厂进厂 BOD_5 达 140mg/L。深圳河湾Ⅲ类水河段达标率达68%，同比上升9%，河口国家考核断面累计值达地表水Ⅳ类（氨氮、DO 达地表水Ⅲ类标准）标准。

7.5.3 推广前景

2021年全国城市排水管道总长度 87.2 万 km，同比增长 8.7%，污水处理厂处理能力达 2.1 亿 m^3/d，同比增长 7.8%。全国七大流域：长江、黄河、珠江、海河、淮河、松花江、太湖，流域总面积超过 435 万 km^2。而随着城市高速发展，全国各地对城市水安全和水环境提出更高要求，传统方法已难以综合解决排水管渠混错接、管网高液位运行、小流域治理不彻底、雨天调度模式粗放以及缺少一网统管等问题，亟需数字化解决方案、信息系统和技术为新时期、新目标的水环境治理提出新路径。因此，城市排水-水环境管理数字化市场规模巨大。

深圳水务集团以深圳市"双转变、双提升"和水环境创优工作为契机，坚持"厂网河湖"全要素一体化治河理念，紧抓智慧城市、数字中国发展机遇，提出"全流域、全要素、全链条、全场景"排水-水环境数字化管控解决方案；研发系列数据智能的污涝同治保障技术，落地一个水环境"五图统管"信息平台，在深圳河湾流域治理中实现技术突破、管理创新，有力支撑水环境创优和城市水安全。以上工作成果可指导行业水环境创优信息化系统设计与落地，在全国水环境达标创优管理中具有示范和推广的重要价值。

第8章 全要素治理模式实践成效及推广应用

8.1 总体实践成效

深圳河见证着香港和深圳的崛起发展，近年来通过全力攻坚决战、全流域治理，深圳河逐渐恢复生机。2018年3月，深圳市治水提质指挥部明确由属地单位深圳水务集团为流域排水设施统一建设运营主体和责任主体，对深圳河水质达标负责。针对流域水环境治理的特征及困境，深圳水务集团通过创新"厂网河湖"一体化全要素治理模式，以流域为单位，充分发挥集团运营、技术、管理优势，彻底解决分散管理导致的各类问题，以流域水质达标为目标，针对流域治理的难点，围绕"流域统筹、系统治理"的思路，对所辖流域内所有的源、厂、网、口、闸、站、河（湖）进行统一调度和一体化管理，逐步实现各涉水要素信息化、自动化和智慧化运行，实现设施效能最大化利用，保证城市排水系统安全高效运转的治理模式，实现深圳河水环境实现历史性飞跃。

8.1.1 水质成效

深圳河自20世纪80年代两岸开发以来，河道水质逐渐恶化，历年持续治理仍未消除劣Ⅴ类水。从2018年12月开始，深圳河水环境实现历史性转折，河口水质达到地表水Ⅴ类及以上，为1982年有监测历史以来最高水平。

如图8.1所示，深圳河口国家考核断面2017～2022年氨氮年均浓度分别为7.02mg/L、3.77mg/L、1.57mg/L、1.12mg/L、1.27mg/L、1.14mg/L；深圳河口国家考核断面2017～2022年总磷年均浓度分别为0.60mg/L、0.31mg/L、0.23mg/L、0.23mg/L、0.26mg/L、0.27mg/L。深圳河流域水质从治理前2017年的氨氮7.02mg/L、总磷0.60mg/L，下降到2022年的氨氮1.14mg/L、TP总磷mg/L，水质类

第8章 全要素治理模式实践成效及推广应用

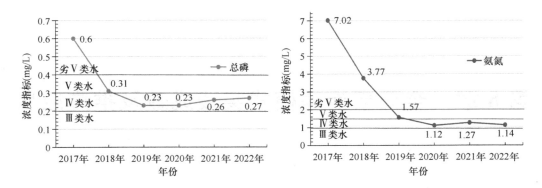

图 8.1　2017～2022 年深圳河口国家考核断面水质情况图

别从 2017 年的劣Ⅴ类水体到 2020 年，再到至今均保持在地表水Ⅳ类水标准（优良水质）。目前，深圳河旱季能稳定达到地表水Ⅲ类水标准以上，全年均值达到地表水Ⅳ类水标准，河口氨氮浓度较 2017 年下降 84%，河口总磷浓度较 2017 年下降 55%，达到国家考核目标，水质改善效果显著，位列全国城市水环境前列。

8.1.2　生态成效

经过"十三五"时期的有效治理，深圳河湾流域生态恢复成效显著，生物多样性得到改善。越来越多的候鸟来深圳湾过冬，弹涂鱼、基围虾、招潮蟹、反嘴鹬等数量逐年增加，同时有白海豚、小灵猫、欧亚水獭、豹猫等 19 种国家一、二级保护野生动物的身影"重现"深圳河畔。另外，每年 10 月到次年 3 月，有约 10 万只迁徙的候鸟在深圳湾红树林停歇、栖息，成为东半球国际候鸟通道上重要的"中转站""停歇地"和"加油站"，成为市民休闲摄影观鸟的打卡地（图 8.2）。

图 8.2　深圳河水质达 30 年来最优，深圳湾畔再成"网红打卡地"

由于深圳河是界河，开放程度一直较低，市民难以亲水、戏水。为了更好地还河于民，深圳正在高标准规划深圳河北岸碧道，提升城市环境品质，打造"水清岸绿、鱼翔浅底、水草丰美、白鹭成群"的生态廊道，深圳河北岸有望成为"城市的蓝脉，都市的阳台"。深圳湾流域水生态环境的明显改善，得到了市民们的广泛好评，多次被中央电视台、广东卫视、深圳卫视等主流媒体作为水环境治理先进典型宣传报道。

8.2 典型推广应用

深圳河流域全要素的治理模式在短期内取得显著成效，深圳水务集团将流域治理的方法和经验进行了科学总结，并推广复制至有共性问题的河湖治理中，取得显著成效。

8.2.1 深圳大沙河治理

1. 基本概况

大沙河位于深圳市南山区境内，全长13.7km，流域面积92.63km^2，是除深圳河外汇入深圳湾海域最大的支流。大沙河贯穿整个南山区，河流中下游段河水污染导致河流环境与周边环境格格不入，与两岸日趋完善的现代化城区环境差异巨大，河水黑臭严重影响居住环境。为改善深圳湾区整体城市形象及深圳湾水质，大沙河必须与深圳河同步完成水环境治理工作。

大沙河发源于阳台山，由北至南贯穿深圳市南山区，全长13.7km，流域面积92.63km^2，共有一级支流7条，二级支流4条，属感潮河道。流域内现状水库2座（西丽水库3238万m^3，长岭陂水库1754万m^3），现状污水处理厂2座，临时处理设施1座，规划污水处理厂1座，现状设计处理规模93.6万m^3/d（含临时处理设施），现状相关污水泵站15座，总提升规模170.1万m^3/d（其中前海及登良泵站位于流域外），在建初雨调蓄池3座，拟建初雨调蓄池2座，总设计调蓄规模26.5万m^3。大沙河的污染主要来源于以下四个方面：

1) 雨污混流

近年来，南山区累计完成1071个小区正本清源建设（雨污分流改造），截至2019年年底全区雨污分流率达100%。但是，随着排水管理进小区工作的深入推进，

2020年3月水务部门再次全面排查小区雨污混流情况，发现30％左右的小区再次出现雨污混流，仅大沙河流域就有236个小区存在雨污混流情况。

混流原因多为小区住户私自改接、错接阳台立管；部分商户在装修时错接、乱接排水管；个别物业管理无法区分雨污水系统或为节约成本，在遇到管网堵塞等排水不畅情形时，就近粗暴地将污水管网接入雨水系统，导致局部混流。按照平均用水量计算，每天约有1.5万m^3的污水进入雨水系统。

2）排水户管理混乱

一是商户偷排乱倒。据统计，全区共有二级排水户27511个，其中餐饮类11835个，占比43％。餐饮店向雨水口倾倒垃圾、废水等违法行为时常发生，且呈点多面广、偶发、突发性强的特点，执法部门难发现、难取证、难监管。二是工地偷排乱倒。目前，全区在建工地共376个，其中大沙河流域201个。部分施工单位未严格遵守排水规范要求设置沉砂池，或未定期对沉砂池进行清梳，导致泥浆水入河事件频发。

3）排水设施非法改造

在部分地铁建设、道路改造等工程中，一些施工方"野蛮施工"，对市政管网造成破坏，导致部分排水管涵丧失原有的排水功能，同时增加雨污混流排放入河的风险。比如深圳湾文化广场基坑支护及土石方工程项目，施工方未经审批擅自迁改市政污水主管，引发该段污水管网排水不畅，污水经雨水系统进入大沙河沿河截流箱涵，导致截流箱涵内水质恶化，溢流时影响加大。

4）面源污染

第一类是"三产"（洗车厂、汽修厂、农贸市场）涉水污染源。以汽修为例，在经营过程中，经常性出现油渍外流，一旦出现降雨，油渍将进入雨水系统，最终污染大沙河。第二类是环卫冲洗。大沙河流域共有垃圾中转站54处、市政公厕36处，还有大量小型垃圾堆放点。环卫冲洗废水收集处理不规范导致大量废水经雨水管道排入大沙河。同时，市政道路在冲洗作业前未进行充分的清扫保洁，大量面源污染物随着冲洗水进入雨水系统排入大沙河。

2. 实施策略

大沙河河道长、流域面积大，城中村多、小区多、涉水污染源多，涉及问题复杂。深圳水务集团在大沙河治理过程中坚持系统性思维，本着治河先治水的理念，确立"源头减污、管理控污、末端治污"的全流域系统治水模式，实施流域水环境和近海岸域综合治理。通过雨污分流,从源头纠正雨污混错接,避免生活污水混进雨水管道污染河流;通过沿河截流消除入河生活污染和面源污染,改善大沙河中下游段河流水质;通过补水增容和驳岸生态改造恢复大沙河自净能力、增加环境容量;通过沿河绿化和梳理营造大沙河人文景观和绿色生态走廊,作为南山区建设大沙河滨水生态廊道和"深港创新走廊"的重要奠基石;通过政企民协同,形成治水合力。

源头控污、强化截污:按照"能分则分,不能分则截"原则开展"正本清源"行动,通过纠正错接雨污排水管;对初雨截流,并确保旱季污水100%截流,减少污染源入河,对河道实施"减负"措施。

释放基流、补水增容:全面开展大沙河流域内支流,实现支流清污全分离,控制"线源"污染,释放山体清洁基流;增加河道水体容量,增强水体纳污能力缩短水体交换周期,保障河道水质稳定性,对河道实施"增容"措施。

生态打造、城水共融:建设大沙河生态长廊,对河流两岸进行生态恢复,采用"一廊、三段、多节点"的空间组织形式,构筑"水城人共融"诗意生活图景。

全民协同、合力治水:坚持全民共治,构建政府为主导,企业、社会组织和公众共同参与的治水体系。

3. 主要举措

1)控源截污

(1)源头治理

根据大沙河流域内的城中村、老旧住宅小区存在排水管网雨污混流及错接乱排情况,按照"能分则分,不能分则截"原则开展"正本清源"行动,通过纠正错接雨污排水管、完善河流沿河截污管网系统、保障点源污染负荷充分截排,避免生活污水混进雨水管道污染河流。目前,流域内960个排水小区、16个城中村全部完成雨污分流改造。

(2)初雨收集与调蓄池建设

初雨收集是控源截污的有效手段,大沙河流域的初期雨水总量为20.67万 m^3/d。初雨收集工程分为两期实施,一期工程为初雨收集系统,通过新建沿河初雨截流管涵和截流闸,并收集流域内各排放口旱季漏排污水和初期雨水;二期工程为调蓄池建设工程。

初雨收集工程沿河道两侧敷设截流管涵,作为两侧排水口初雨水的末端截流系统。中科院桥上游建设初雨截流管，右岸为DN1600，左岸为DN1800，中科院桥以下范围，右岸丽山桥至中科院桥采用顶管与上游初雨截流管衔接，管径为DN1650～DN2000，长度为1120.00m，在丽山桥下游，采用箱涵形式，净空尺寸为2m×(2.5～4m)×3m，箱涵总长度为10170m；左岸采用箱涵形式，净空尺寸为2m×(2.5～3.5)m×3m，箱涵总长度为11342m，初雨箱涵结合河道布置于二级平台下(图8.3)。

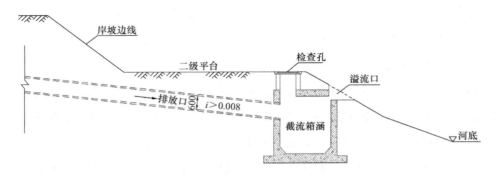

图8.3 初雨箱涵设计示意图

调蓄池在大沙河治理中有重要的意义，可以分阶段实现以下功能：①近期实现溢流污染控制：由于雨污分流不完善，存在流污染排放入河入湾问题，调蓄池起到溢流污染控制作用，可以减少大沙河雨季溢流污染。②中期实现面源污染控制：随着南山区城市排水管网完善及雨污分流工程的持续推进，调蓄池收集的污染雨水主要面源污染和微污染水体，可输送至污水处理厂进行处理，或结合海绵湿地、旁路高效湿地等措施进行预处理后排放，实现面源污染控制。③远期实现雨水资源利用：随着流域正本清源、海绵建设的完成，调蓄池转为清洁雨水调蓄设施，可向河道补水，实现雨水资源利用。

调蓄池规划布局按照以下步骤进行：①确定用地选址：根据南山区法定图则，以及与规划国土部门、沙河高尔夫球会有限公司等相关单位沟通，拟定5处调蓄池选址，总占地面积46300m^2。②明确建设目标：通过采取高标准的初小雨截流调蓄措施(8～15mm)，减少雨季面源污染入河入湾，提高大沙河水质保障率，提升河道水环境，实现为大沙河生态长廊创造良好水环境条件的目标。③制定布局原则："集约用地、相对分散、充分利用现有设施"的原则。④设计调蓄规模：根据用地选址及片区管网情况确定各调蓄池汇水分区，并按照雨污分流情况划分8mm或15mm截流区域，并计算调蓄规模。

（3）污水提升泵站建设

在河口左岸新建污水提升泵站，设计规模为 5.0 万 m^3/d，泵站总装机 5 台，装机容量共 185kW，单泵抽排规模为 $700m^3/h$，污水泵站根据实际污水量调度运行，最大提升规模为 6.72 万 m^3/d。该泵站为地下结构，进水池、水泵房、出水池、除臭池均在地面以下。平面布置遵循满足各建筑物功能，确保工程效益正常发挥，方便运行管理，投资节省的原则进行。

布置的泵站出水管沿河道左岸巡河路敷设 DN900 污水压力管输送至白石路，通过设置阶梯式跌水井后接入污水排海干渠倒虹吸检查井。泵站出水通过管道输送至污水排海干渠，经南山污水处理厂处理后排放。

（4）雨水排口精准截污

针对不同的污水排口，采取的精准截污方法不同：

① 上游雨水涵式截流。雨水涵内总口截流至截流井，通过初雨截流闸，排入截流干管，满足精准截流。对于排口无污染雨水的，直接封堵现状截流孔，清洁雨水直排入河；对于排口有污染雨水的，也有生态基流，采取内截流措施使污染雨水进入截流管、生态截流释放入河。

② 大学城段开敞截流井式截流。截流箱涵由河道内上游至岸坡内，有施工空间，同步将开敞截流井改造地下精准截流井；改造方案：截流井上移，受景观水位顶托，设置下开堰门，侧向设置限流闸。箱涵改造范围为清华翻板闸至丽水路（1.6km），将河道内截流箱涵移至岸坡内新建 DN2600 截流管。拆除 8 座截流井。6 座改造成智能截流井，设置限流闸，通过水质水量监测控制限流闸开启和开度，实现初小雨污染雨水截流。

③ 中下游段开敞截流井式截流。大沙河生态长廊已建成，无施工空间。根据是否有漏排污水、是否有生态基流、是否有水位顶托以及现场调研，采取"一口一策"的不同改造方案。

④ 闸门截流井式截流。拆除临河侧闸门并压低箱涵，恢复雨水涵入河通道，在岸边设置液动溢流堰门挡景观水位；在雨水涵侧向设置限流箱涵和限流闸，截流初雨水进入调蓄池，并设置水质水量监测装置。

⑤ 直接接入截流箱涵排口精准截流改造。改造措施：排放口衔接相应尺寸钢管穿过箱涵侧墙入河。适用于无污染雨水的排放口。

2）生态补水

由于大沙河为雨源性河流，主体工程的作用为防洪，在枯水期河道排放的基本为污水，截污后，河道流水急剧减少，需要水量补充。故将收集的污水处理后，变成中水引流到大沙河的中上游。经过深度处理的中水，水质达标，不黑不臭，可以作为河道的环境用水，经上游排放，补充河流的水量，保持河道水体流动，增强河道自净能力，还可以降低河道内残留污染物的浓度，以达到改善水质的目的[21]。

3）生态长廊景观

大沙河生态长廊景观工程结构规划采用"一廊、三段、多节点"的空间组织形式（图8.4）。依据不同的景观功能区的特征，协调好资源利用和环境保护的关系，促进

图8.4 大沙河生态廊道景观分布示意图

景观生态系统内物质、能量的良性循环，达到景观格局和景观功能的和谐发展，相互促进的良好局面。对河流两岸进行生态恢复，创造生态多样化的水岸环境，营造自然河流景观。

"一廊"即贯穿全河的绿化生态长廊，连通沿河各主要节点，通过绿道可以采用自行车游览方式对沿河各节点进行参观，本工程绿道结合市政道路及沿河路设置，总长度18.5km。绿道串联沿河主要节点，构建一道绿色的景观线，增强城市的厚重感，彰显城市的青春活力。

大沙河生态长廊景观工程根据场地周边环境，结合现场特点将河道分成"三段"，分别为上游段的学府文化园，以体现河流的自然野趣为主旨。中游段的水生活廊道，以重现岭南水乡文化为主题。下游段的滨水休闲带，以反映深圳市民精神风貌、民俗文化为主题。

"多节点"即结合沿河规划绿地，设置以湿地游览体验和科普娱乐活动为主的湿地公园。提供人亲水、嬉水活动的"漾舟"河滩湿地公园；以开展休闲康体及有特色的户外活动为主的大冲公园节点。各节点通过陆路与水廊道的连接，形成连贯的、多层次的丰富景观空间。

4. 治理成效

治理前大沙河水质为地表水劣Ⅴ类水质，局部水质黑臭，污水横流，让人"掩鼻而过"。经过治理，2020年以后，大沙河大冲桥断面水质达地表水Ⅱ类标准，其中，主要污染物指标氨氮浓度为0.186mg/L，相比最高值下降了99.6%，为1992年以来的最高水平。

如今的大沙河，实现了生态与经济的"比翼双飞"。河畔绿水盈盈，河面碧波荡漾、飞鸟暂歇，群鱼翻腾，游艇竞发、两岸繁花似锦、草木葱郁，实现从臭水河到网红河、观光河的华丽蝶变，不仅成为深圳最大的滨水慢行系统、最靓丽的"城市项链"，也是展现自然风光、万物共生与城区活力的生态文明画卷，更是广东万里碧道中的最靓丽的"生态名片"（图8.5、图8.6）。

8.2.2 珠海市香洲区前山河治理

1. 基本概况

珠海市香洲区位于珠江西岸，与深圳市隔珠江口跨海相望。前山河又名前山水

第8章 全要素治理模式实践成效及推广应用

图 8.5　治理前的大沙河

图 8.6　治理后的大沙河

道，发源于中山市五桂山东南麓，流经中珠两地，经石角咀水闸注入湾仔水道出海。主河道长 23km（中山段约 15km，珠海段约 8km）。流域总面积 328km²（中山市域内 214km²，珠海市域内 114km²），流域人口约 80 万人。前山河在珠海市香洲区分为内流域面积约 97km²，流经香洲中心城区西部和南湾城区北部区域，区域内支流多达 40 余条。

前山河流域（香洲区）内石咀角国家考核断面于 2018 年 7 月、9 月、12 月和 2019 年 1 月、2 月、10 月出现水质超标的现象，为Ⅴ类～劣Ⅴ类水质，主要超标因子为氨氮（表 8.1）。2019 年年初,《广东省第四批第一环保督察组向珠海市反馈督察情况》指出：前山河流域综合治理推进乏力，主要问题包括城中旧村雨污混流现象普遍；污水管网建设问题突出；截污方式粗放；管理、管养水平不高，且投入不足。具体存在以下问题：

前山河石角咀国家考核断面水质类别　　　　　　　　　　表 8.1

年份	月份											
	1	2	3	4	5	6	7	8	9	10	11	12
2018	Ⅳ类	Ⅳ类	Ⅲ类	Ⅱ类	Ⅲ类	Ⅳ类	Ⅴ类（氨氮 1.58 mg/L）	Ⅲ类	劣Ⅴ类（氨氮 2.66 mg/L）	Ⅴ类（氨氮 1.86 mg/L）	Ⅳ类	Ⅴ类（氨氮 1.79 mg/L）
2019	劣Ⅴ类（氨氮 2.91 mg/L）	Ⅴ类（氨氮 1.62 mg/L）	Ⅳ类	Ⅳ类	Ⅳ类	Ⅴ类（氨氮 1.52 mg/L）	Ⅳ类	Ⅳ类	Ⅳ类	Ⅴ类（氨氮 1.75 mg/L）	Ⅳ类	Ⅲ类

1）小区内部、城中旧村等区域雨污混流、合流现象严重

香洲区前山河流域各类小区内部存在较严重的用户私改乱接、违章搭建、阳台洗衣等现象，造成了小区内混流现象严重，加之早期建造的小区受当时建设条件和环境影响，建设标准低，且经多年的使用已经出现不同程度的损坏、淤积，小区排水环境差[22]。另外香洲区前山河流域旧村（社区）共有 24 个，村内排水多为雨污合流系统。

2）市政系统雨污混流严重，污水收集系统不完善

香洲城区、南湾城区污水管网主干管系统已经形成，但部分路段仍存在污水管网缺失、管径偏小等情况，部分老旧城区仍存在合流现象、污水漏排、收集不彻底或未能有效截污的情况，导致污水进入雨水系统、进入河道或不能及时输送至污水处理厂。

3）截流系统导致污水溢流及河水倒灌

流域内已实施的截污工程大多截污方式为合流管渠收集、末端截污的方式，加之末端截污会截留较多的河渠水，造成雨季时污水处理厂压力过大，增加管网系统溢流风险。另外，部分截污管道敷设于渠道底部，采用压力井盖，管道存在不均匀沉降、破损现象严重，导致旱季污水外溢，雨季雨水倒灌进入截污管。

4）市政管网淤堵、病害严重

流域内管网淤堵严重，加之其他结构性缺陷和功能性缺陷普遍存在，导致市政管网系统运行状况差。

5）污水泵站利用效率低，系统调度能力差

由于部分区域主干管淤堵及病害等原因，导致上游污水不能顺利进入污水提升泵站，泵站实际运行规模远小于设计规模，污水泵站利用效率较低；且不同污水处理厂间调度能力差，不利于污水系统风险防控。

2020 年《广东省 2020 年水污染防治攻坚工作方案》要求前山河石角咀国家考核断面力争达到地表水 III 类水标准。

综上，前山河流域水环境综合治理具有考核目标严格、实施难度大、系统复杂、完成时间紧等特征。为进一步治理前山河流域，2019 年珠海市及香洲区先后下发了《前山河流域水环境综合治理攻坚方案（2019—2021 年）》及《珠海市香洲区前山河流域水环境综合整治实施方案》。至此，香洲区前山河流域水环境治理工作开始启动；2019 年 12 月 19 日香洲区前山河流域综合整治（珠海市城区污水治理综合整治提升工程）EPC 总承包合同正式签订，前山河流域综合治理工作全面推进。

2. 实施策略

1）总体思路

前山河流域水环境治理分为三个阶段：基础阶段、攻坚阶段、愿景阶段。

第一阶段基础阶段最主要的目标为保障水安全、基本改善水环境，其中最重要的一部分就是消除黑臭水体，根据对前山河在建工程的梳理和治河历程的分析，2019 年前山河流域尚处于第一阶段。第二阶段为攻坚阶段，即在基本解决黑臭的基础上，提高污水收集率、控制溢流污染，提高水质达标率；这一阶段需要从系统上分析项目区内各个市政设施之间的相关联系和存在问题，并从系统上解决基础阶段溢流问题。这也是目前对前山河的考核要求。第三阶段为愿景阶段，进一步梳理管网系统，从河道生态功能性、景观提升及智慧运维方面，进一步巩固及提升水环境综合治理的效果，达到以水兴城，将前山河流域打造成为城市治水典范，实现"宜居宜业宜游"的愿景。

2019 年前山河流域治理第一阶段尚未完成，尚有一批支河涌未消除黑臭，但根据前山河国家考核断面水质的要求，第二阶段也处于需要全面推进的阶段。

基于前山河水环境情况，明确前山河水环境治理总体思路为：源头治污，正本清源；雨污分流，清污分离；顶部精截，小截大分；管网完善，系统治理。以国家考核断面达标、全面消除黑臭为目标，以全面推进正本清源、管网建设，提高污水收集处理效果为手段，厂网河湖统筹考虑，最终实现前山河水环境改善。

2）技术路线

以河道为中心，流域分区治理，划分支流水体流域汇水范围，明确治理对象；以管网为基础，实施源头治理，主抓正本清源；实施雨污分流，消除市政管道混错接，完善、改造、修复市政管网；开展清污分离，对现状沿河污水系统进行建设改造，消除总口截污；实施顶部精准截污，源头小截流，大分流；厂站网河统筹考虑，进一步完善污水调配系统，提升系统保障机制。

（1）以正本清源及执法整改为手段，解决重点流域小区雨污混流问题。

对住宅小区和城中村、机关单位实施正本清源改造，对工业、商业等有明确责任主体的区域，由政府进行执法整改。对各类小区进行雨污分流改造，从阳台立管开始，纠正源头错接，完善分流系统，通过以上措施，实现流域内各类小区正本清源全覆盖。

（2）以打通污水系统为核心，完善现状污水管网，实现流域污水管网全覆盖。

针对流域内管道缺失问题，考虑新建市政污水管网，实现市政污水管网全覆盖；同时在现状利用雨水管渠作为污水通道的市政道路上新建污水系统主干管，实现污水系统完整独立；对于片区内存在的市政道路排水错接漏接等现状，提出点对点的解决方案，确保污水系统的完整性与功能性；另外对于检测出的市政管道结构性及功能性缺陷进行点状或整体修复，保证污水系统正常运行，防止地下水等其他外源水体渗入污水系统，按照《城镇污水处理提质增效三年行动方案》要求，实现污水处理厂进厂水量和水质双提升。

（3）以保障污水处理为目标，建立污水跨区域调配系统。

实现拱北污水处理厂—前山污水处理厂—南区污水处理厂跨区域污水调配系统，有效提高污水系统优化运行水平，保障污水管网的运行安全、减少冒溢，进而控制溢流、降低对污水处理厂波动影响，提高污水处理厂的稳定达标与优化运行水平。远期，结合智慧水务系统建设，可通过智能化控制系统，根据污水泵站的液位变化、污水处理厂进水水质情况以及出水水质情况，分别对污水泵站、污水处理厂进行智能离散化控制。

(4) 管养提升和 EPC 模式并举，提升流域综合治理效率。

针对治污工作中暴露出来的人员招录难、装备不足、经验缺乏、机制不畅等问题，充分发挥管养提升和工程总承包（EPC）两种模式各自优势，结合市、区国有企业和社会企业各自特点，调动多方力量，实现大兵团作战、全地域开工、全流域治理的工作格局。一方面，由珠海本地国有水务运维管养单位以管养模式直接负责管养提升项目，提高国有企业积极性、主动性和创造性。另一方面，学习其他城市成功经验，采取工程总承包（EPC）模式推动正本清源、系统治理，引进有实力、有经验、有信用的大企业作为总承包商，将勘测、初步设计、制图、施工等一次性发包，使勘测、设计、采购、施工深度融合，从而节约工期、控制投资、提升质量、实现目标。

3）主要举措

(1) 注重科学治水、系统治水、全面治水

明确"源头控污"工作思路，实现由"粗放治理"到"科学治水、系统治水、全面治水"的转变。

① 坚持源头控污、系统治水。

前山河治理早期多采用粗放型治理方式（如总口截污），这种粗放的治水模式已不适应前山河流域水环境治理的高标准和高要求。在治水过程中，始终坚持向治水专家和团队取经，在借鉴广州、深圳等地治水经验，结合前山河治理实际引入新理念、新技术，提出"源头治污，正本清源；雨污分流，清污分离；顶部精截，小截大分；管网完善，系统治理"的系统治理思路，通过推进流域整体治理、管网建养、正本清源改造、污水处理设施提标拓能、面源污染防治五大方面重点工作，有效改善前山河水质。

② 坚持全面治水、科学治水。

a. 注重全面治水。

前山河流域系统治理覆盖流域内 44 条河渠、544 个小区、24 条城中旧村、527 个商业企业和 119 个公共机构，实现流域范围内全覆盖、全治理。

b. 搭建问题河涌自动监测系统。

在重点河渠布设 14 个水质、水文监测点和 40 个视频监控摄像头，基本形成了全方位的监控系统，有效提高智能管养水平。

c. 因地制宜、科学治水

针对在系统治理未完成前，无法避免极端天气及排水高峰时段污水入渠的问题，因地制宜对现状截流设施进行改造，设置智能分流设施。以香洲区黑臭水体整治的重点和难点翠屏路排洪渠为例，坚持雨季应急处置与长治久清措施并举，除采取正本清源、排水管网完善，实现雨污分流，清污分离外，还因地制宜，针对翠屏路排洪渠垂直河岸、旱季水位低的特点，在翠珠一街、翠珠二街、翠微西路南侧和鞍莲路4处排口创新性采用附壁式下开堰门智能分流系统，快速完成工程建设，控制面源污染及溢流污染，实现各类污染晴天、初小雨不进渠道。附壁式下开堰门智能分流系统安装前后示意图如图8.7所示，不同截流系统优缺点对比见表8.2。

(a) 安装前　　　　　　　　　　　(b) 安装后

图 8.7　附壁式下开堰门智能分流系统安装前后示意图

不同截流系统优缺点对比表　　　　　　　　　表 8.2

序号	截流系统	功能	优点	缺点	适用条件
1	普通截流井	污截、截初雨	造价低	污水溢流及河水倒灌	通用
2	埋地式智能分流系统	污截、截初雨、初雨调蓄、防溢流、防倒灌	造价高	土建施工周期长；检修维护困难	岸上全埋地管渠、覆土≥1.5m
3	附壁式下开堰门智能分流系统		造价低	施工周期短；检修维护方便	垂直河岸

（2）创新治理实施模式

通过管养提升模式，发挥市、区属国有企业在应急攻坚治理工作中高效快捷优势。管养提升和EPC模式并举，调动、整合多方力量和资源，实现大兵团作战、全地域开工、全流域治理的工作新格局，高质量推动涉水治污工作。

（3）加强统筹领导

2019年6月17日，为保障项目工作快速高效推进，加强各项工作措施的组织领导和协调保障，香洲区委、区政府组成了珠海市香洲区前山河流域水环境综合治理现场指挥部。指挥部总指挥长由区委主要领导担任。指挥部下设指挥部办公室，办公室成员有市生态环境局香洲分局、区发展和改革局、区财政局、区住房和城乡建设局、区审计局、区城市管理和综合执法局、区河长办、各镇街等及各参建单位。指挥部以周例会、现场巡查督办等多种形式，在治水过程中调度利用了各种治水资源，实现了前山河流域治理的全面统筹推进。

4）治理成效

近两年来，香洲区以改善和提升水环境质量为核心，紧盯石角咀水闸国家考核断面水质达地表水Ⅲ类水质的工作目标，聚焦五条黑臭水体长治久清及问题河涌整治，扎实推进前山河各项治理工作。目前，已经累计完成新建改建市政管网53km，完成小区正本清源管网建设603km，石角咀水闸国家考核断面水质稳步提升，黑臭水体实现"长治久清"，流域雨污分流效果显著。具体如下：

（1）国家考核断面达到考核要求

2018年、2019年前山河石角咀水闸国家考核断面多次为地表水Ⅴ类～劣Ⅴ类水质。2020年石角咀水闸国家考核断面全年平均水质达到地表水Ⅲ类水质，仅9月份为地表水Ⅴ类水质，符合国家考核的要求。2021年水质全部达到地表水Ⅳ类及以上水质，均值为地表水Ⅲ类水质。相关数据参见图8.8、图8.9。

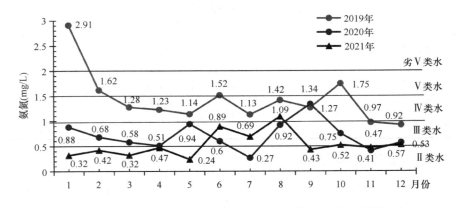

图8.8　2019~2021年前山河国考断面水质情况（氨氮指标）

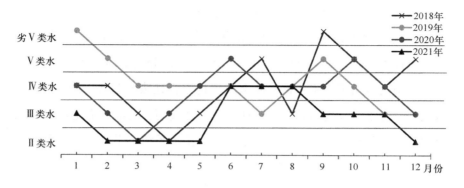

图 8.9　2019~2021 年前山河国考断面水质情况（水质类别）

（2）完成五条黑臭水体整治

流域内五条黑臭水体 2020 年年底通过省级"长治久清"评估，实现长治久清。

（3）污水处理厂进水浓度持续提升

流域内雨污分流效果显著，提质增效效果初显，流域两座主要污水处理厂进水浓度持续提升。如图 8.10 所示，前山污水处理厂 2020 年进水 BOD_5 浓度全年均值达到 91mg/L，较 2019 年进水浓度均值 65mg/L 提升 40%，2021 年均值达到 94mg/L，较 2019 年、2020 年分别提升 44%、3.3%；拱北污水处理厂 2021 年均值达到 117mg/L，较 2019 年（109mg/L）、2020 年（84mg/L）分别提升 7.5%、39.6%。

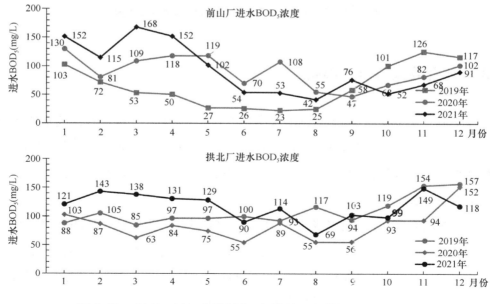

图 8.10　2019~2021 年流域主要污水处理厂进水水质提升情况

(4) 遭遇雨季多降雨情况，系统各项指标仍优异

2021年珠海市骤雨频发，1～9月降雨集中在4～10月。如图8.11所示，4～9月流域降雨量合计为2326mm，较2019年、2020年同期分别增加888mm、862mm。在此情况下，前山河石角咀国家考核断面水质仍稳定在地表水Ⅳ类及以上水质，前山、拱北污水处理厂进水浓度仍显著高于同期，说明经过两年的治理措施，香洲区前山河流域已经建立一套具有一定抗击雨季冲击能力的排水系统，系统治理是合理的、是科学的。

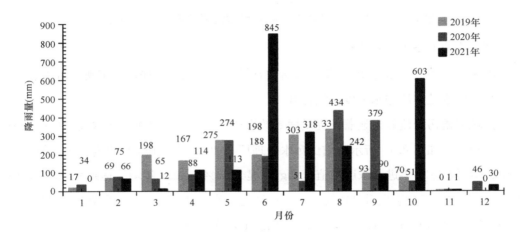

图 8.11　珠海市香洲区 2019~2021 年月均降雨量

8.3　社会效益与行业影响

近年来，深圳市委、市政府把治水作为头号民生工程，狠抓城市河流水体治理。随着深圳河水环境治理的成功，深圳河河流水质全面提升，深圳河水质创40年来同期最高水平，深圳市也获评为重点流域水环境质量改善明显的五座城市之一，进一步擦亮深圳城市名片。

目前深圳河治理经验已经成功推广应用至珠江西岸，为珠海市香洲区前山河流域治理贡献了深圳力量，同时以深圳河治水经验为技术支持的顺德区水环境治理工作也在同步推进中。深圳水务集团将以更饱满的热情投身于粤港澳大湾区的水环境改善事务中，努力为粤港澳大湾区高质量发展贡献"深圳力量"。

第 9 章　新时期高质量发展展望

9.1　思考总结

9.1.1　过往经验

水污染治理是一项复杂的系统性工程，是保障和改善民生福祉的政治工程，也是提升城市品质的民生工程，厂网河流域全要素治河在深圳决胜水污染治理中起到积极作用，主要核心经验如下：

1）流域统筹是基础

通过厂网河湖一体化治理模式在深圳河流域的运用，结合其在深圳茅洲河流域、中山小隐涌流域治理项目中的成功实践，笔者深切体会到，流域治理需要从各自为政的行政区域管理向尊重流域自然属性的合作管理发展，从多市场主体的分割模式向以一个市场主体为主导与多部门合作管理相结合的模式发展，尤其是要选择专业技术精良、运营管理经验丰富、对城市发展高度负责、具有强烈使命担当的公用事业类企业来承担落实层面的工作。

2）厂网匹配是根本

深圳沿河总口截污的特性导致大量非污水挤占污水收集空间，管网"高血压"常态化。以提高污水处理厂进水浓度为目标，对管网全流程溯源减外水，实现污水走污水管网、雨水走雨水管网、基流自然释放、海水不倒灌的"三水分离"管网状况，并利用沿河截污系统处理初雨水，同时厂站管理提标挖潜能，构建厂网匹配的运行工况，确保污水全收集、收集全处理、处理全达标。

3）高效联动是关键

对于深圳河流域范围涉及的厂、站、网、河、池、口、闸的高效联动，确保设施效能最大化是流域治理成功的关键。

(1) 河网联动：管渠降低水位，减少截流污水溢流。

(2) 厂网联动：排水小区之间、污水处理厂之间有效调水，进行水量分配，最大限度发挥污水处理厂处理效能。

(3) 上下游联动：上游控源，尽可能收集处理污水，下游腾出余量兜底，确保河流断面达标。

(4) 市政水利设施联动：属于市政设施的厂网站与属于水利设施的闸坝、排涝泵站等设施，都围绕河道断面达标互动，促使水体流动，流水不腐。最终达到溢流污水少入河，污水处理厂减负荷，再生水补充河道生态用水。

9.1.2 新时期要求

深圳市的水污染治理工作，是以习近平新时代中国特色社会主义思想为指导，以人民为中心的发展思想，立足新发展阶段，坚持精准治污、科学治污、依法治污；坚持目标引领、结果导向；坚持完善工程体系和强化长效管理并重。水污染治理工作体系是以"大排水"系统为核心，以污水收集处理系统效能提升为根本，以持续改善生态环境质量为目标，不断健全"双转变、双提升"，全力推动深圳市从"治污"向"提质"转变，从"全面消黑"向"全面达优"迈进，奋力走在全国前列，发挥先行示范作用。

《深圳市国民经济和社会发展第十四个五年规划和二〇三五年远景目标纲要》提出，"十四五"期间，深圳市将持续提升水安全保障能力，深入打好水污染防治攻坚战，打造绿色低碳、美丽宜居生态城市，树立人与自然和谐共生的美丽中国典范。同时，针对深圳河河口水质提出了最新要求：到2023年年底，深圳河河口断面水质年均值达地表水Ⅲ类水标准，到2025年年底，深圳河湾流域监测断面水质年均值达地表水Ⅲ类水标准及以上的河长占比不低于90%，入海河流总氮稳步下降；充分发挥已建雨水设施效能，保证排水畅通，减轻流域内涝风险[23]。2025年以后，进一步巩固提升深圳河湾流域水环境质效，实现长治久清。在完成《深圳市水务发展"十四五"规划》所列重点工程，满足所列约束性指标要求的前提下，达到下述指标要求：

1) 小区雨污分流率不低于90%，城中村雨污分流率不低于50%。

2) 污水集中收集率不低于95%，进厂BOD_5浓度不低于160mg/L，旱季污供比达1.1。

3）流域管渠积泥率（管渠积泥深度与管内径或渠净高的占比）低于10%。

9.1.3 未来挑战

围绕新时期的发展要求，中国共产党深圳市第七次代表大会描绘了深圳未来发展的宏伟蓝图，明确了深圳"五大战略定位"，对水务工作提出了超前布局"城市生命线"、持续推进防灾减灾救灾等应急体系建设，提高城市风险防御能力、推动治水从巩固治污成果转向全面提质的目标和任务。深圳水务工作必须坚持创新发展，以更高标准、更高质量迎接新的挑战。

总体来看，新时期的挑战主要集中在六方面上：一是污水处理"双转变、双提升"，即由"污水处理率"向"污水收集率"管理转变，由化学需氧量（COD）向生化需氧量（BOD）管理转变，实现污水收集量和进水污染物浓度"双提升"；二是不规范排水行为尚未根本遏制；三是污水处理系统规模和安全性、韧性能力需进一步提升；四是污染雨水治理工作刚起步，"厂、站、池"等设施联动未成体系，雨季水质达标压力较大，持续提升河流水质难度更大；五是河湖生态系统比较脆弱。河道多为雨源型河流，旱季主要靠污水处理厂尾水补水；六是河流生境不理想，生物多样性不足。

具体来说，深圳河流域治理还存在以下三大挑战：

一是水体环境容量非常有限。深圳河各干支流本身为雨源型河流，决定了它旱季自然基流量非常低、水体的污染物容量非常低。为使深圳河口国家考核断面水质年均值达地表水Ⅲ类水质的目标（氨氮浓度0.7mg/L、总磷浓度0.18mg/L左右），整个流域内水环境容量仅有氨氮浓度0.16m^3/d、总磷浓度0.08m^3/d，对管网运行效能、管养质量、管理水平都是严格考验。

二是源头雨污分流仍不彻底。雨污分离是一块难啃的"硬骨头"，往往受到历史遗留问题的制约。目前，晴天纯污水通过截流系统进入污水处理厂的水量超过总处理量的20%，而雨天雨水大量进入污水系统，会挤占污水转输及处理系统空间，导致汛期污水收集、处理能力受限，大量雨污混合污染物溢流入河；同时，截污泵站和箱涵在行洪时，也有大量污染物与雨水一起直接入河。据统计，日降雨量25mm以上时，超40%的污水以上述两种方式直接排入了河道。未来，仍需要在雨污分离流域深耕，打好攻坚战、持久战。

三是污水处理能力片区配置不均衡。由于片区发展不均衡，福田、南山片区污水增长迅速，污水处理能力在时空分布上仍存在缺口，污水处理压力仍然较大，旱季处理高负荷、雨季超负荷运行，仍需要按流域一体化布局，统筹规划，跨区域进行多方协调，填补污水处理缺口。

9.2 新时期展望

围绕新时期的发展要求，结合目前深圳河流域污染物量化分析，以科学发展为指引，在已构建的"厂网河湖一体化全要素治理"体系基础上，要继续坚持流域系统治理，综合施策，深化推进水污染治理双转变双提升，加强水生态修复，维护河湖水体健康。

9.2.1 管理科学，实施按效付费高效益治水新模式

2021年6月，国家发展改革委印发的《"十四五"城镇污水处理及资源化利用发展规划》提出，鼓励建立运营服务费与污水处理厂进水污染物浓度、污染物削减量挂钩、按效付费机制。2020年7月，国家发展改革委、住房城乡建设部联合印发的《城镇生活污水处理设施补短板强弱项实施方案》要求完善收费政策，推广按照污水处理厂进水污染物浓度、污染物削减量等支付运营服务费。2020年4月，国家发展改革会印发的《关于完善长江经济带污水处理收费机制有关政策的指导意见》提出建立与处理水质、污染物削减量等服务内容挂钩的污水处理服务费奖惩机制。

随着BOT模式管理经验的积累，2018年，深圳创新建立了以"水量＋绩效"的按效付费机制，针对固戍二期、福永二期等12座新招标污水处理厂项目，在招标文件中明确将每月应付运营费划分为两部分，其中应付费用的80%与污水处理量、进水COD挂钩，其余20%与主要污染物（COD、氨氮、总磷、SS、总氮）出水浓度及设施运营管理质量等绩效相关。"水量＋绩效"机制的实施，在不增加污水处理费的基础上，使污水处理厂进一步提升出水水质、加强厂容环境和安全生产管理等的方面的积极性、主动性，有效增加了污染物削减量，提高了污水处理费的使用效益。

鉴于污水处理费收支存在较大缺口。实施按效付费，可通过价格发挥杠杆作用，促进水污染治理"双转变、双提升"，提高财政资金使用效能，更科学评价污水处理费收支情况。

9.2.2 韧性高效，构建厂网匹配高韧性污水系统

高韧性污水处理厂是指可高效切换运行模式应对不同负荷进水冲击，可灵活调度应对最大一组设施故障或检修维护时的应急出路，可适度冷备/热备应对设备或设施损坏导致的减停产。结合深圳河湾的排水系统特点，创新污水处理厂站设计，打造具有旱雨季弹性规模的新型污水处理厂。

从厂网协同层面，污水处理厂应建设采用厂站网一体化调度平台，通过对收集系统提质增效，强化系统调蓄，设施实时在线控制等措施，提高污水进水浓度，减少外水进入，应对雨季高峰流量，控制或减少溢流污染。

从工艺参数选择层面，高韧性污水处理厂根据污水处理不同工艺段影响设计参数的因素不同，针对污水处理厂旱雨季不同的进水水量、水质特点，生化系统采用污染物负荷量、预处理系统及二沉池采用处理水量设计工艺参数，在节约建设成本的同时，实现旱雨季不同运行工况的快速切换。

9.2.3 绿色集约，打造三生三态碳中和高品质工程

国务院办公厅印发的《关于进一步盘活存量资产扩大有效投资的意见》指出，因地制宜积极探索污水处理厂下沉、地铁上盖物业、交通枢纽地上地下空间综合开发、保障性租赁住房小区经营性公共服务空间开发等模式。深圳在以福田、洪湖污水处理厂为试点开展"污水处理厂＋主题公园"模式，集约土地资源，有效发挥国土空间利用率的基础上，积极与全市"三生三创三平衡"融合，探索"污水处理厂＋N"建设模式，开拓以"工业上楼"政策下的城市更新项目为实施路径的污水处理厂建设，将项目收益用于污水处理厂、工业厂房的建设，实现生态效益、社会效益最大化。

"碳达峰、碳中和"已纳入国家生态文明建设整体布局，各地响应国家在2030年实现碳达峰、2060年实现碳中和的目标，贯彻"创新、协调、绿色、开放、共享"五大新发展理念，大力实施绿色发展战略。为积极响应"双碳"号召，各地积极探索前沿污水处理技术，重点突破好氧颗粒污泥、同步硝化反硝化、厌氧氨氧化、A^2/O

等技术，通过产学研结合加速科技创新成果转化应用，成熟一个推广一个，推进生产管理体系绿色升级。同时加快管网漏损的科学研究，优化供水管网设计，推广使用节能型水处理设备，加强新型管材与新型施工工艺的研究，引进先进的漏损探测工具，减少设施全生命周期碳排放水平。积极推广水源热泵、光伏发电等绿色技术，开展CO_2捕获与封存技术（CCUS）、N_2O的跟踪监测技术研究，作为实现碳中和目标技术的重要组成部分，为碳足迹的定量分析提供更可靠的技术支持。

按照"统筹治理、系统集成"理念，通过"固、液、气、声"全介质协同，设计、建设、运行全生命周期协同，收集、转运、处理、资源化全流程协同，建设高效能污水处理厂，是环境治理新模式、新路径的创新探索。

全介质协同高效能设施的技术路线主要为：高有机质垃圾经预处理去除固体杂质后，高浓度废水进入污水处理厂与市政污水协同处理，固体残渣进行"生物调理+低温干化"后，与污泥协同制作生物质燃料棒产品，实现能源化利用，或制作营养土、基质土实现资源化回用（图9.1）。

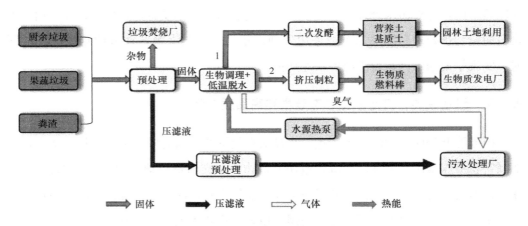

图9.1　全介质协同高效能设施技术路线图

如图9.1所示，该工艺可以实现六个方面的协同。一是"水"协同。高有机质垃圾处理过程产生的高浓度废水经预处理后，可作为外部碳源补充至污水处理厂用于深度脱氮。污水处理厂可为高有机质垃圾处理设备、车辆冲洗提供再生水，替代自来水，提高水资源节约集约利用效率。二是"固"协同。高有机质垃圾处理过程产生的固渣可与污泥协同制作生物质燃料棒产品，实现能源化利用，还可与绿化垃圾等好氧发酵，制作营养土、基质土，实现有机质回到土地利用。三是"气"协同。高有机质垃圾处理过程中产生的臭气,可并入污水处理厂现有除臭设施同步处理,统筹排放方式,实现环境影响、投资及运行成本最优。四是"能源"协同。利用水源热泵技术,深挖污水处理厂尾水潜热,为高有机质垃圾处理过程供热。五是"用地"协同。按照系统集成、高效协同理念,通过集约化设计,两设施在空间布局上有机融合,实现用地"1+1<2",全面提升土地集约利用水平。六是"运行"协同。通过道路、配套公用设施和办公设施等共建共享,以及运行管理人员、水、电、热、药剂等要素协同,充分降低运行成本。

参 考 文 献

[1] 本刊综合. 统筹推进"五位一体": 推动中国特色社会主义事业全面发展、全面进步[J]. 当代兵团, 2021, (12): 50-52.

[2] 张礼卫. 深圳创新"十大体制机制"打赢水污染治理攻坚战[J]. 城乡建设, 2020, (3): 50-54.

[3] 林培.《城市黑臭水体整治工作指南》解读[J]. 建设科技, 2015, (18): 14-15, 21.

[4] 城镇污水处理提质增效三年行动方案(2019—2021年)[J]. 城市道桥与防洪, 2019, (6): 337-339.

[5] 加强城镇生活污水处理设施补短板[J]. 低温建筑技术, 2020, 42(8): 10.

[6] 朱德米. 中国水环境治理机制创新探索——河湖长制研究[J]. 南京社会科学, 2020, (1): 79-86, 115.

[7] 贾绍凤. 中国水治理的现状、问题和建议[J]. 中国经济报告, 2018, (10): 54-57.

[8] 郝军. 财政支持水环境治理政策研究[J]. 预算管理与会计, 2019, (3): 47-48.

[9] 王浩, 梅超, 刘家宏, 等. 我国城市水问题治理现状与展望[J]. 中国水利, 2021, (14): 4-7.

[10] 左晓君. 茅洲河水环境综合治理的新技术、新模式、新维度——《水环境治理技术》出版的应用与实践[J]. 中国水能及电气化, 2020, (9): 59-63.

[11] 张健, 丁晓欣, 朱佳, 等. 首尔水污染治理策略[J]. 资源节约与环保, 2019, (7): 81-83.

[12] 张健, 丁晓欣, 朱佳, 等. 伦敦水污染治理策略[J]. 环境与发展, 2019, 31(8): 62-63, 65.

[13] 胡先琼. 深圳市水污染治理历程及战略探讨[J]. 中国工程咨询, 2014, (9): 33-36.

[14] 闫晓娜, 杨东光. 深圳市治水提质问题及对策研究[J]. 水利技术监督, 2018, (4): 92-93, 110.

[15] 徐士森. 关于实施城镇排水"厂—网—河湖"一体化运营管理机制的思考[J]. 工程建设与设计, 2020, (18): 60-61.

[16] 汪天祥, 闫超, 陈德业, 等. 城镇污水管网高水位运行影响与诊断研究[J]. 东北水利水电, 2022, 40(1): 25-28.

［17］ 赵明，孙坚．污水截流系统问题分析及改良策略［J］．中国给水排水，2020，36（20）：100-104．

［18］ 李渭印．污水处理提质增效策略研究［J］．广东化工，2021，48(14)：157-158＋142．

［19］ 刘江涛，杨伟明．基于冗余特性的深圳市污水系统规划新探索［J］．给水排水，2021，57(5)：58-61．

［20］ 王维康，张慧妍，韩小波，等．调蓄池在水环境综合整治中优化提升设计新思路［J］．给水排水，2020，56(11)：60-64．

［21］ 蒋力．深圳大沙河污水深度治理设计方案探讨［J］．科技情报开发与经济，2006，(12)：281-282．

［22］ 孙虹波．雨污分流改造中的常见问题及解决措施［J］．四川建材，2020，46(10)：161-163．

［23］ 吴亚男，任心欣，高玉枝，等．基于小流域水环境治理探索雨季溢流污染防治的深圳实践［J］．环境工程，2023，41(12)：99-106．